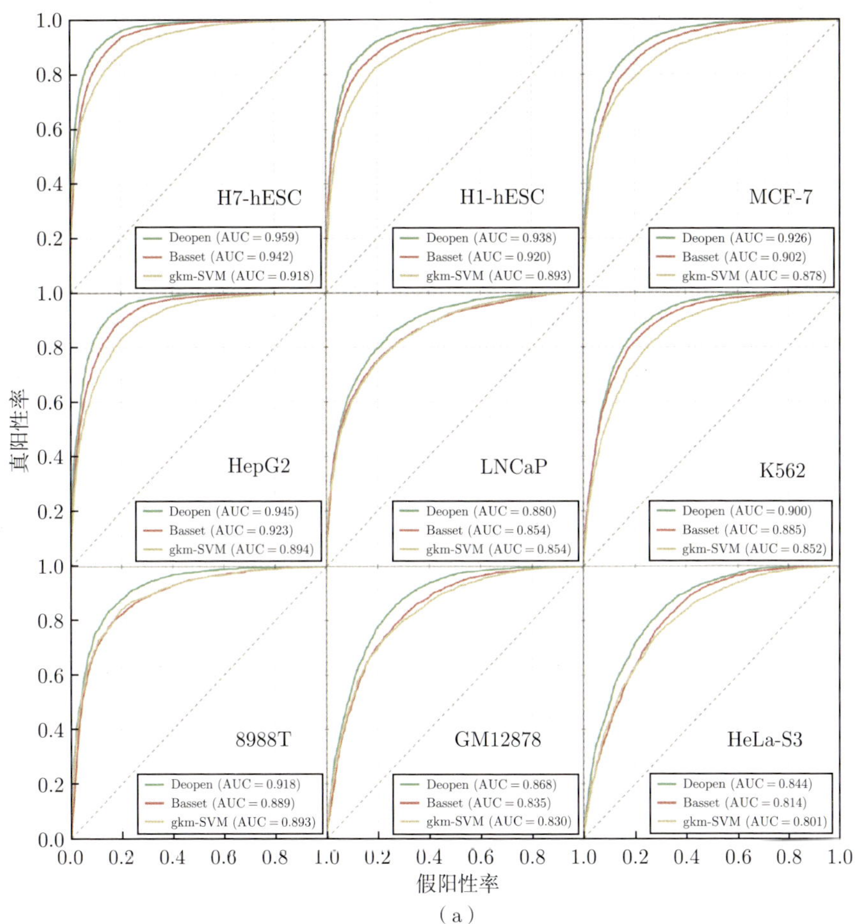

(a)

图 2.7 Deopen 在九个细胞系下分类实验表现性能

H7-hESC
Deopen (auPR = 0.957)
Basset (auPR = 0.936)
gkm-SVM (auPR = 0.924)
H1-hESC
Deopen (auPR = 0.936)
Basset (auPR = 0.919)
gkm-SVM (auPR = 0.897)
MCF-7
Deopen (auPR = 0.920)
Basset (auPR = 0.898)
gkm-SVM (auPR = 0.877)
HepG2
Deopen (auPR = 0.936)
Basset (auPR = 0.913)
gkm-SVM (auPR = 0.886)
LNCaP
Deopen (auPR = 0.875)
Basset (auPR = 0.863)
gkm-SVM (auPR = 0.857)
K562
Deopen (auPR = 0.885)
Basset (auPR = 0.877)
gkm-SVM (auPR = 0.835)
8988T
Deopen (auPR = 0.905)
Basset (auPR = 0.891)
gkm-SVM (auPR = 0.892)
GM12878
Deopen (auPR = 0.846)
Basset (auPR = 0.824)
gkm-SVM (auPR = 0.818)
HeLa-S3
Deopen (auPR = 0.821)
Basset (auPR = 0.797)
gkm-SVM (auPR = 0.780)
准确率
召回率

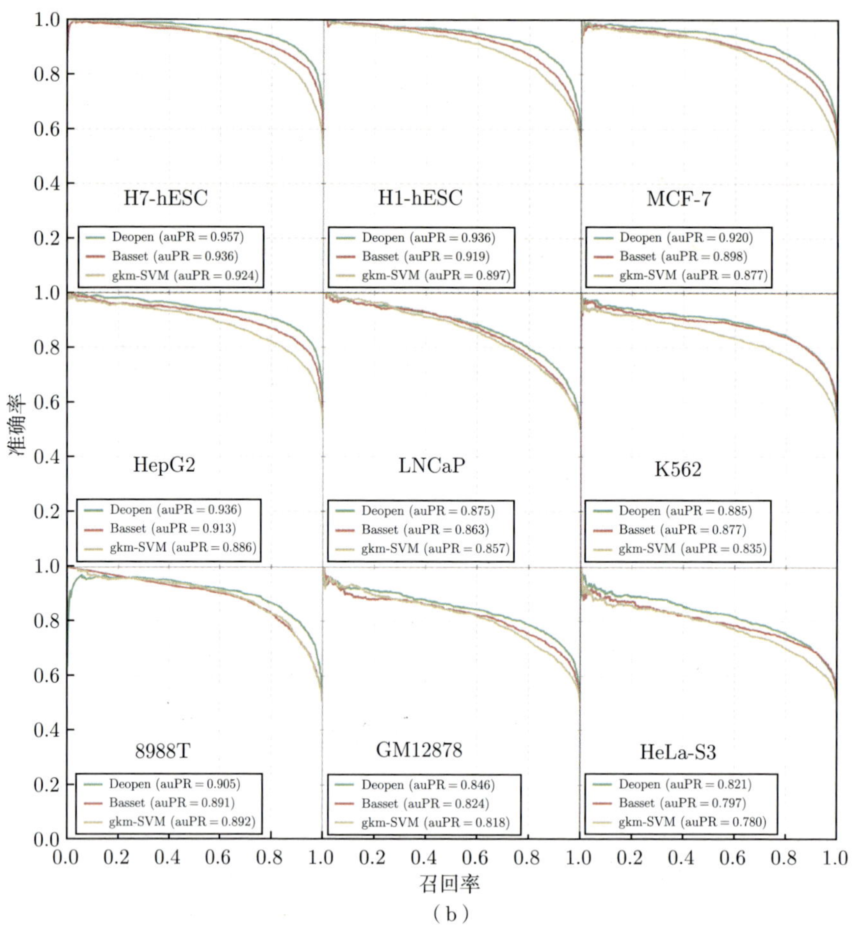

（b）

图 2.7 （续）

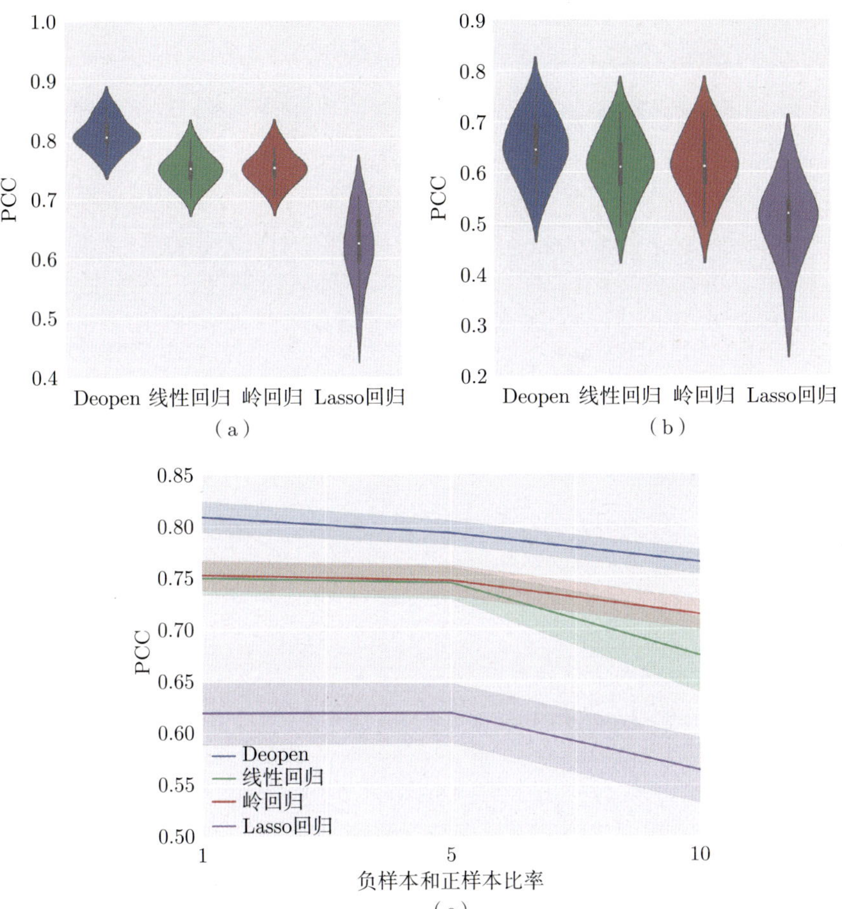

图 2.11　Deopen 在不平衡样本下的回归实验性能

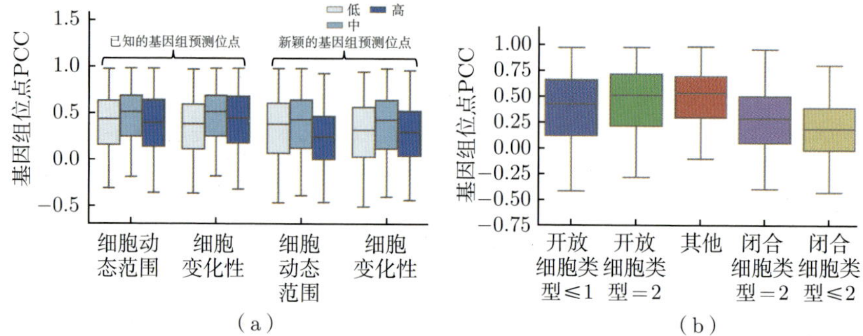

图 3.6 DeepCAGE 在不同基因组位点分组实验中的表现性能

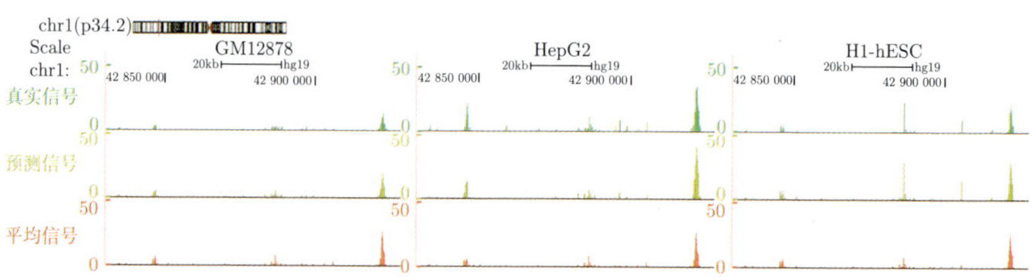

图 3.7 DeepCAGE 跨染色质开放性预测的实例效果展示

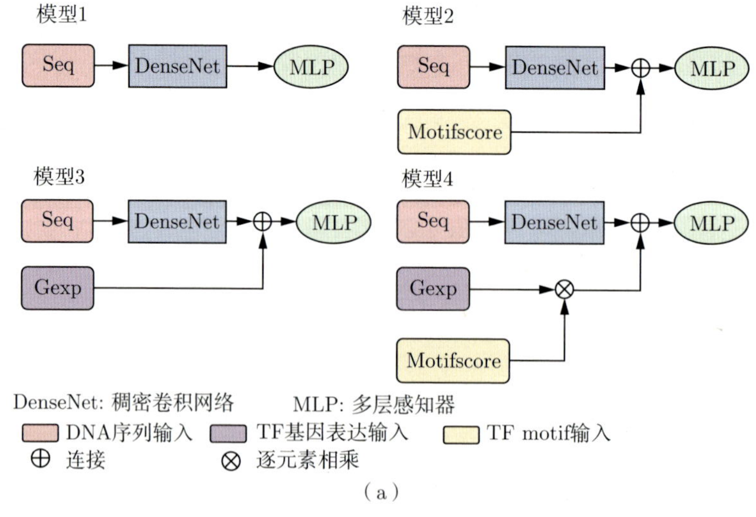

图 3.8 DeepCAGE 模型的消融性分析

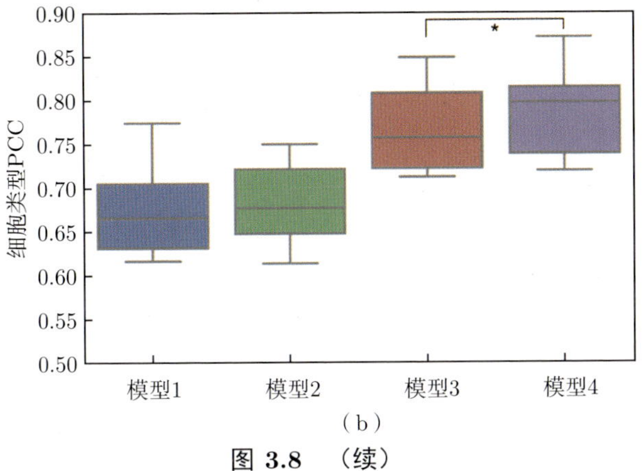

（b）

图 3.8 （续）

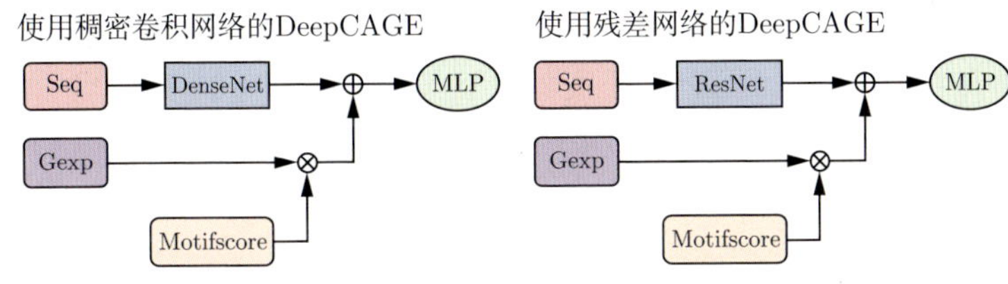

（a）

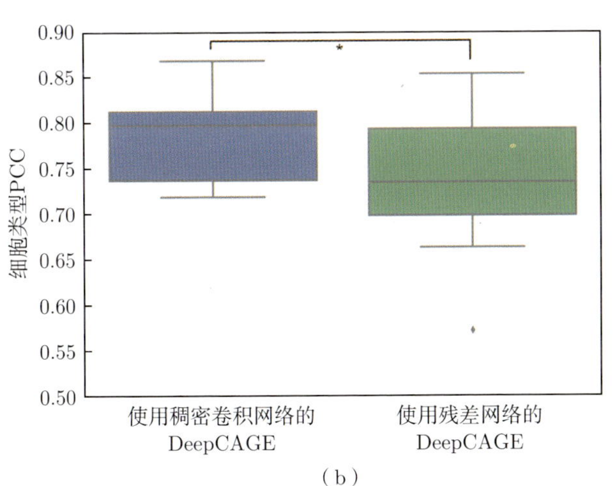

（b）

图 3.9 DeepCAGE 网络架构超参数分析

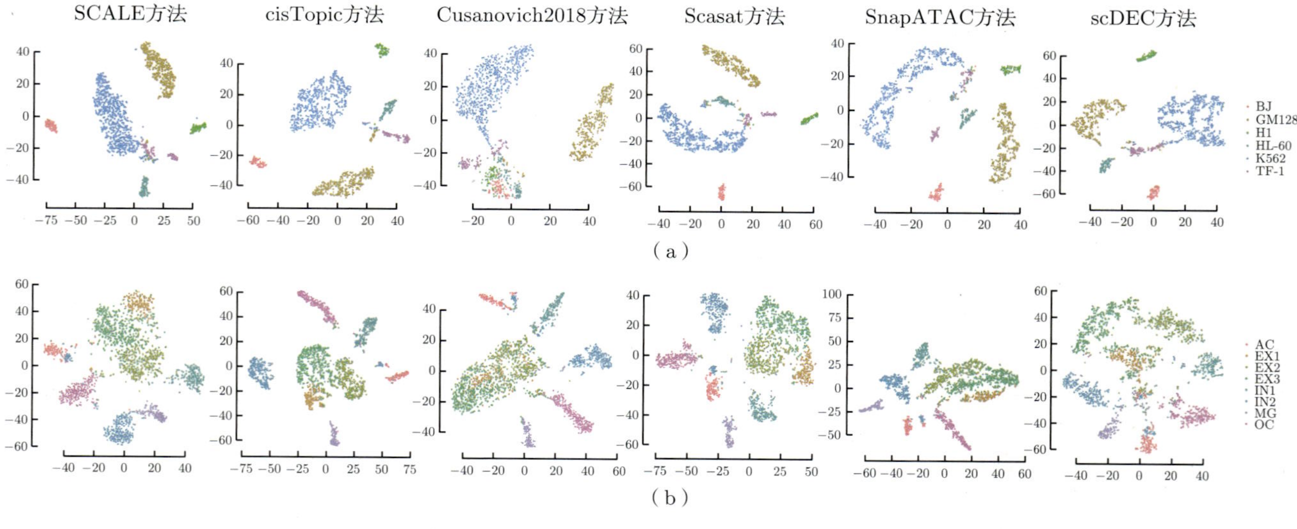

图 4.6 四种 **scATAC-seq** 数据集下不同方法的 **t-SNE** 可视化结果

CD27+_Natural_Killer
CD27−_Natural_Killer
Dendritic_cell
Follicular_B
Granulocyte
Macrophage
Marginal_Zone_B
Memory_CD8_T
Naive_CD4_T
Naive_CD8_T
Regulatory_T
Transitional_B
CLP
CMP
GMP
GMP1low
GMP2mid
GMP3high
HSC
LMPP
MEP
MPP
UNK
mono
pDC
t-SNE 2
t-SNE 1

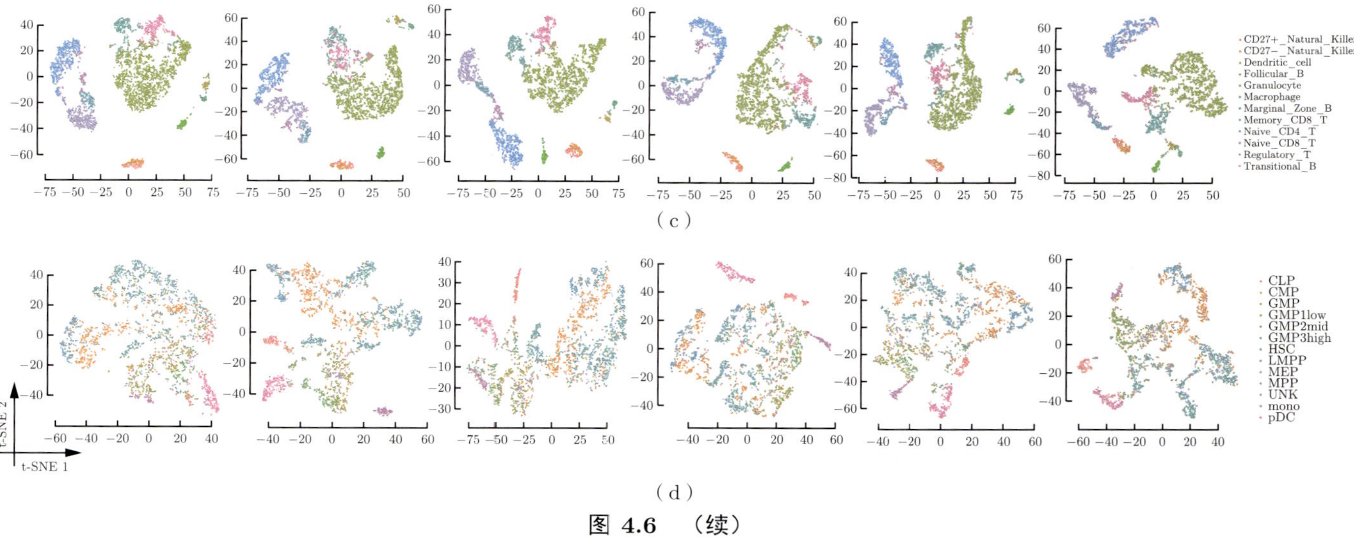

（c）

（d）

图 4.6 （续）

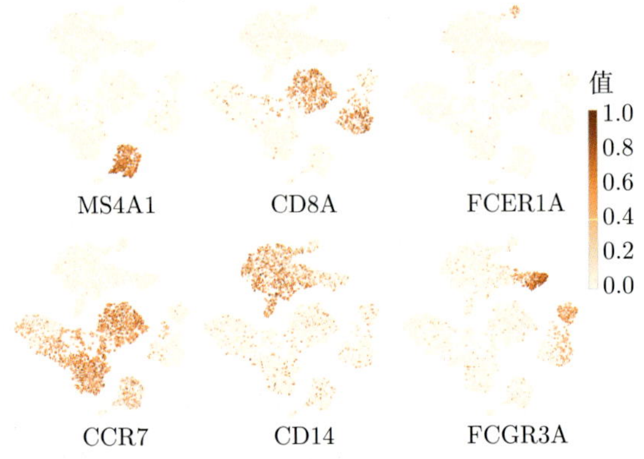

图 4.20 细胞型特异性的标志基因的表达情况

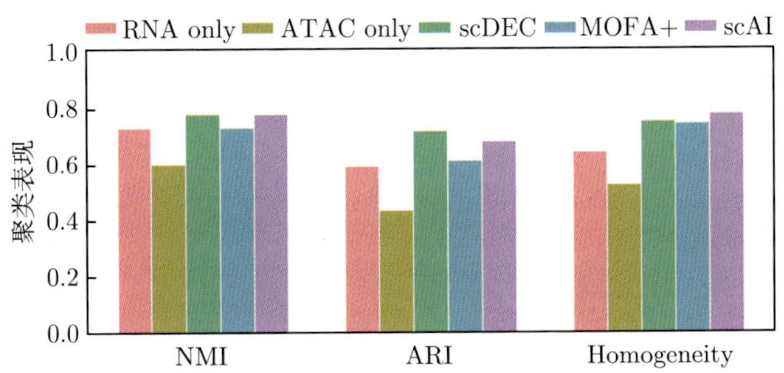

图 4.21 scDEC 在单细胞多组学数据下的聚类表现性能

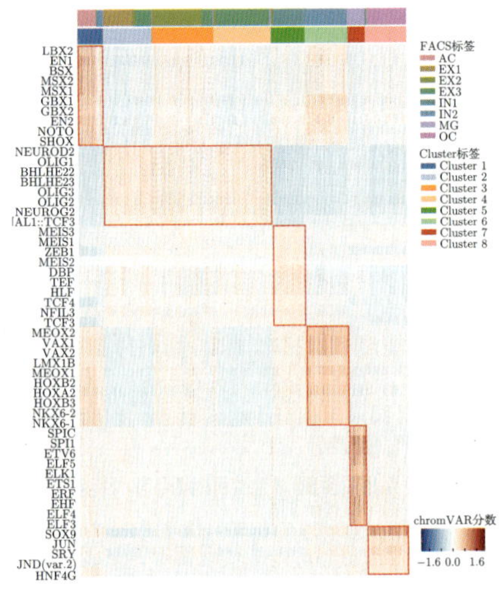

图 4.22 聚类簇特异性 motif 所对应的 chromVAR 得分热力图

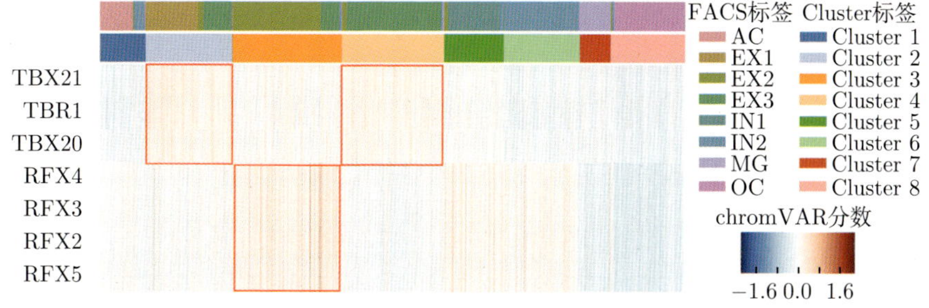

motif	族系	富集类	富集细胞型	p值
TBX21	Tbrain-相关因子	1, 3	兴奋性神经元1, 3	2.32×10^{-130}
TBR1	Tbrain-相关因子	1, 3	兴奋性神经元1, 3	1.74×10^{-118}
TBX20	TBX1-相关因子	1, 3	兴奋性神经元1, 3	1.34×10^{-114}
RFX4	RFX-相关因子	2	兴奋性神经元2	1.07×10^{-48}
RFX3	RFX-相关因子	2	兴奋性神经元2	2.63×10^{-48}
RFX2	RFX-相关因子	2	兴奋性神经元2	1.79×10^{-47}
RFX5	RFX-相关因子	2	兴奋性神经元2	2.83×10^{-44}

图 4.23 针对 **EX** 细胞亚型的簇特异性 **motif** 分析

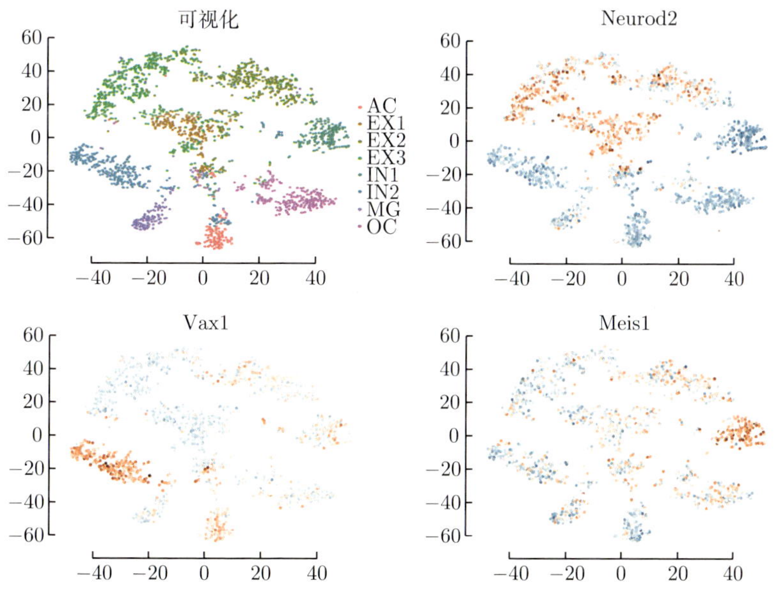

图 4.24 典型聚类簇特异性 **motif** 在 **t-SNE** 可视化中 **chromVAR** 分数富集情况

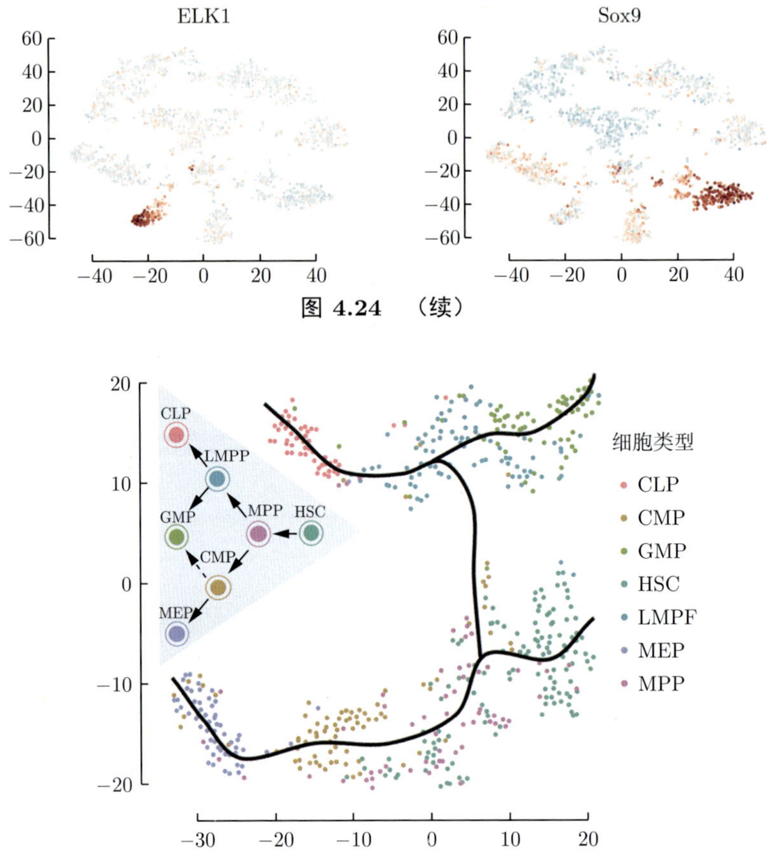

图 4.24 （续）

图 4.25 scDEC 自动推断出造血分化过程的轨迹

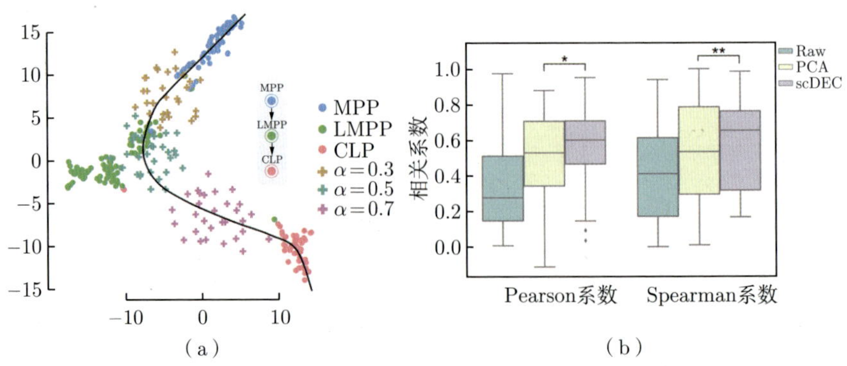

（a） （b）

图 4.26 scDEC 生成高质量的中间状态细胞对应的染色质开放性数据

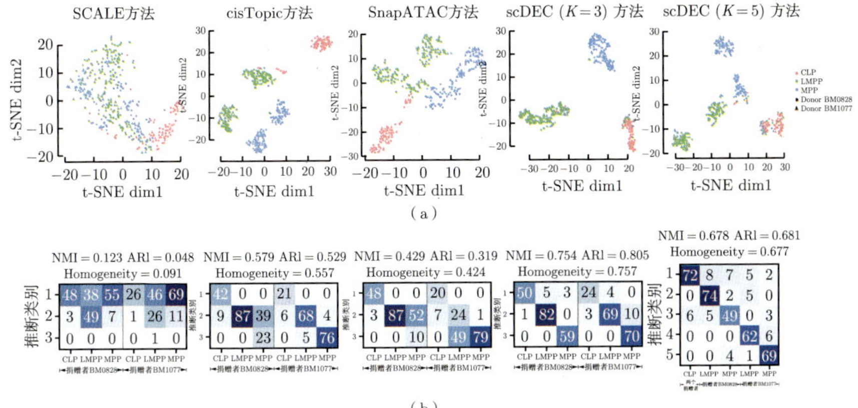

图 4.27 应用 scDEC 消除供体差异影响的分析

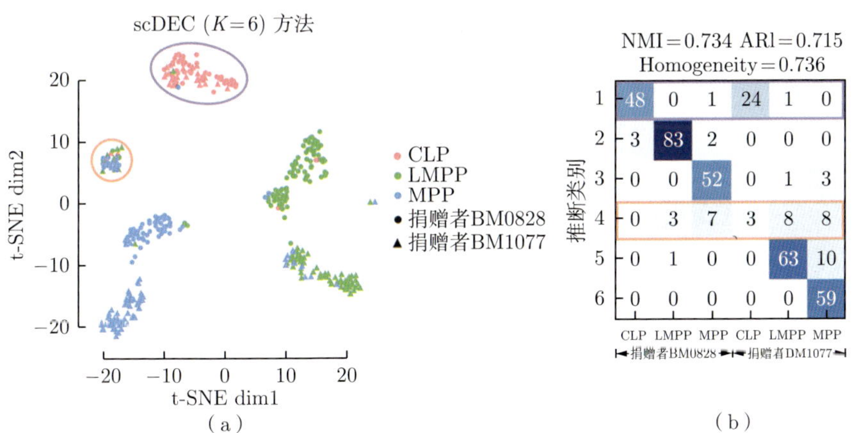

图 4.28 scDEC 在聚类簇数目为 6 下对细胞类型与供体差异的区分情况

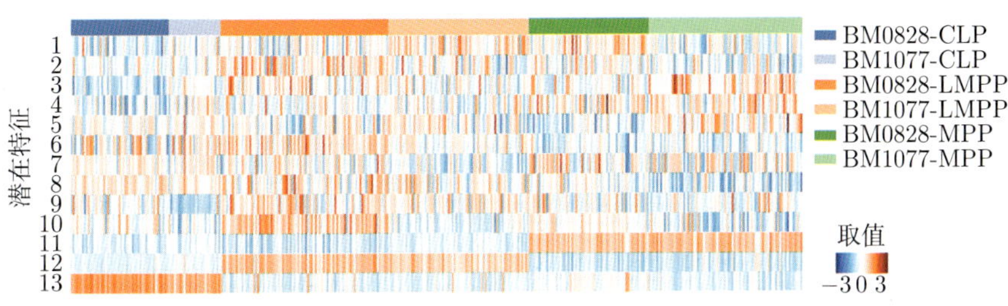

图 4.29 scDEC 潜在特征的可视化热力图

清华大学优秀博士学位论文丛书

融合多组学数据预测染色质开放性的机器学习方法

刘桥（Liu Qiao）著

Machine Learning Methods for Chromatin Accessibility Prediction by Integrating Multi-omics Data

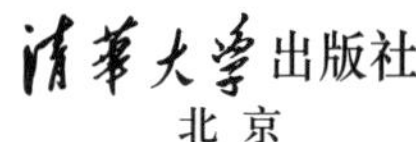

北京

内 容 简 介

本书以染色质开放性数据的信息解读为主线，通过融合多种组学数据的方式，研究预测染色质开放性的机器学习方法、探索单细胞染色质开放性数据分析的理论与方法；系统性地研究了细胞群与单细胞染色质开放性数据分析中的关键问题，对生物数据解读中的概率密度估计等共性基础问题进行了创新性探索，研究成果不仅能对大规模染色质开放性数据进行高效分析，还能加强对细胞调控机制的深入理解，从而促进对遗传学数据的有效解读。

本书可供生物信息学、遗传学及染色质开放性数据分析等领域的高校师生和科研院所研究人员及相关技术人员阅读参考。

图书在版编目（CIP）数据

融合多组学数据预测染色质开放性的机器学习方法 / 刘桥著.
北京 : 清华大学出版社, 2025.5. -- (清华大学优秀博士学位
论文丛书). -- ISBN 978-7-302-69333-8

Ⅰ. TP181

中国国家版本馆 CIP 数据核字第 20256JF912 号

责任编辑： 孙亚楠
封面设计： 傅瑞学
责任校对： 薄军霞
责任印制： 杨　艳

出版发行： 清华大学出版社

网　　址： https://www.tup.com.cn, https://www.wqxuetang.com
地　　址： 北京清华大学学研大厦 A 座　　**邮　　编：** 100084
社 总 机： 010-83470000　　**邮　　购：** 010-62786544
投稿与读者服务： 010-62776969，c-service@tup.tsinghua.edu.cn
质量反馈： 010-62772015，zhiliang@tup.tsinghua.edu.cn

印 装 者： 三河市东方印刷有限公司
经　　销： 全国新华书店
开　　本： 155mm×235mm　　**印　张：** 10.5　　**插　　页：** 6　　**字　　数：** 175 千字
版　　次： 2025 年 7 月第 1 版　　**印　　次：** 2025 年 7 月第 1 次印刷
定　　价： 99.00 元

产品编号：096628-01

一流博士生教育
体现一流大学人才培养的高度（代丛书序）[①]

人才培养是大学的根本任务。只有培养出一流人才的高校，才能够成为世界一流大学。本科教育是培养一流人才最重要的基础，是一流大学的底色，体现了学校的传统和特色。博士生教育是学历教育的最高层次，体现出一所大学人才培养的高度，代表着一个国家的人才培养水平。清华大学正在全面推进综合改革，深化教育教学改革，探索建立完善的博士生选拔培养机制，不断提升博士生培养质量。

学术精神的培养是博士生教育的根本

学术精神是大学精神的重要组成部分，是学者与学术群体在学术活动中坚守的价值准则。大学对学术精神的追求，反映了一所大学对学术的重视、对真理的热爱和对功利性目标的摒弃。博士生教育要培养有志于追求学术的人，其根本在于学术精神的培养。

无论古今中外，博士这一称号都和学问、学术紧密联系在一起，和知识探索密切相关。我国的博士一词起源于 2000 多年前的战国时期，是一种学官名。博士任职者负责保管文献档案、编撰著述，须知识渊博并负有传授学问的职责。东汉学者应劭在《汉官仪》中写道："博者，通博古今；士者，辩于然否。"后来，人们逐渐把精通某种职业的专门人才称为博士。博士作为一种学位，最早产生于 12 世纪，最初它是加入教师行会的一种资格证书。19 世纪初，德国柏林大学成立，其哲学院取代了以往神学院在大学中的地位，在大学发展的历史上首次产生了由哲学院授予的哲学博士学位，并赋予了哲学博士深层次的教育内涵，即推崇学术自由、创造新知识。哲学博士的设立标志着现代博士生教育的开端，博士则被定义为

---

① 本文首发于《光明日报》，2017 年 12 月 5 日。

独立从事学术研究、具备创造新知识能力的人，是学术精神的传承者和光大者。

博士生学习期间是培养学术精神最重要的阶段。博士生需要接受严谨的学术训练，开展深入的学术研究，并通过发表学术论文、参与学术活动及博士论文答辩等环节，证明自身的学术能力。更重要的是，博士生要培养学术志趣，把对学术的热爱融入生命之中，把捍卫真理作为毕生的追求。博士生更要学会如何面对干扰和诱惑，远离功利，保持安静、从容的心态。学术精神，特别是其中所蕴含的科学理性精神、学术奉献精神，不仅对博士生未来的学术事业至关重要，对博士生一生的发展都大有裨益。

独创性和批判性思维是博士生最重要的素质

博士生需要具备很多素质，包括逻辑推理、言语表达、沟通协作等，但是最重要的素质是独创性和批判性思维。

学术重视传承，但更看重突破和创新。博士生作为学术事业的后备力量，要立志于追求独创性。独创意味着独立和创造，没有独立精神，往往很难产生创造性的成果。1929 年 6 月 3 日，在清华大学国学院导师王国维逝世二周年之际，国学院师生为纪念这位杰出的学者，募款修造“海宁王静安先生纪念碑”，同为国学院导师的陈寅恪先生撰写了碑铭，其中写道：“先生之著述，或有时而不章；先生之学说，或有时而可商；惟此独立之精神，自由之思想，历千万祀，与天壤而同久，共三光而永光。”这是对于一位学者的极高评价。中国著名的史学家、文学家司马迁所讲的“究天人之际，通古今之变，成一家之言”也是强调要在古今贯通中形成自己独立的见解，并努力达到新的高度。博士生应该以“独立之精神、自由之思想”来要求自己，不断创造新的学术成果。

诺贝尔物理学奖获得者杨振宁先生曾在 20 世纪 80 年代初对到访纽约州立大学石溪分校的 90 多名中国学生、学者提出：“独创性是科学工作者最重要的素质。”杨先生主张做研究的人一定要有独创的精神、独到的见解和独立研究的能力。在科技如此发达的今天，学术上的独创性变得越来越难，也愈加珍贵和重要。博士生要树立敢为天下先的志向，在独创性上下功夫，勇于挑战最前沿的科学问题。

批判性思维是一种遵循逻辑规则、不断质疑和反省的思维方式，具有批判性思维的人勇于挑战自己，敢于挑战权威。批判性思维的缺乏往往被认为是中国学生特有的弱项，也是我们在博士生培养方面存在的一个普遍问题。2001 年，美国卡内基基金会开展了一项“卡内基博士生教育创新计划”，针对博士生教育进行调研，并发布了研究报告。该报告指出：在美国和欧洲，培养学生保持批判而质疑的眼光看待自己、同行和导师的观点同样非常不容易，批判性思维的培养必须成为博士生培养项目的组成部分。

对于博士生而言，批判性思维的养成要从如何面对权威开始。为了鼓励学生质疑学术权威、挑战现有学术范式，培养学生的挑战精神和创新能力，清华大学在 2013 年发起“巅峰对话”，由学生自主邀请各学科领域具有国际影响力的学术大师与清华学生同台对话。该活动迄今已经举办了 21 期，先后邀请 17 位诺贝尔奖、3 位图灵奖、1 位菲尔兹奖获得者参与对话。诺贝尔化学奖得主巴里 • 夏普莱斯（Barry Sharpless）在 2013 年 11 月来清华参加“巅峰对话”时，对于清华学生的质疑精神印象深刻。他在接受媒体采访时谈道：“清华的学生无所畏惧，请原谅我的措辞，但他们真的很有胆量。”这是我听到的对清华学生的最高评价，博士生就应该具备这样的勇气和能力。培养批判性思维更难的一层是要有勇气不断否定自己，有一种不断超越自己的精神。爱因斯坦说：“在真理的认识方面，任何以权威自居的人，必将在上帝的嬉笑中垮台。”这句名言应该成为每一位从事学术研究的博士生的箴言。

提高博士生培养质量有赖于构建全方位的博士生教育体系

一流的博士生教育要有一流的教育理念，需要构建全方位的教育体系，把教育理念落实到博士生培养的各个环节中。

在博士生选拔方面，不能简单按考分录取，而是要侧重评价学术志趣和创新潜力。知识结构固然重要，但学术志趣和创新潜力更关键，考分不能完全反映学生的学术潜质。清华大学在经过多年试点探索的基础上，于 2016 年开始全面实行博士生招生“申请–审核”制，从原来的按照考试分数招收博士生，转变为按科研创新能力、专业学术潜质招收，并给予院系、学科、导师更大的自主权。《清华大学“申请–审核”制实施办法》明晰了导师和院系在考核、遴选和推荐上的权力和职责，同时确定了规范的流程及监管要求。

在博士生指导教师资格确认方面，不能论资排辈，要更看重教师的学术活力及研究工作的前沿性。博士生教育质量的提升关键在于教师，要让更多、更优秀的教师参与到博士生教育中来。清华大学从 2009 年开始探索将博士生导师评定权下放到各学位评定分委员会，允许评聘一部分优秀副教授担任博士生导师。近年来，学校在推进教师人事制度改革过程中，明确教研系列助理教授可以独立指导博士生，让富有创造活力的青年教师指导优秀的青年学生，师生相互促进、共同成长。

在促进博士生交流方面，要努力突破学科领域的界限，注重搭建跨学科的平台。跨学科交流是激发博士生学术创造力的重要途径，博士生要努力提升在交叉学科领域开展科研工作的能力。清华大学于 2014 年创办了“微沙龙”平台，同学们可以通过微信平台随时发布学术话题，寻觅学术伙伴。3 年来，博士生参与和发起“微沙龙”12 000 多场，参与博士生达 38 000 多人次。“微沙龙”促进了不同学科学生之间的思想碰撞，激发了同学们的学术志趣。清华于 2002 年创办了博士生论坛，论坛由同学自己组织，师生共同参与。博士生论坛持续举办了 500 期，开展了 18 000 多场学术报告，切实起到了师生互动、教学相长、学科交融、促进交流的作用。学校积极资助博士生到世界一流大学开展交流与合作研究，超过 60%的博士生有海外访学经历。清华于 2011 年设立了发展中国家博士生项目，鼓励学生到发展中国家亲身体验和调研，在全球化背景下研究发展中国家的各类问题。

在博士学位评定方面，权力要进一步下放，学术判断应该由各领域的学者来负责。院系二级学术单位应该在评定博士论文水平上拥有更多的权力，也应担负更多的责任。清华大学从 2015 年开始把学位论文的评审职责授权给各学位评定分委员会，学位论文质量和学位评审过程主要由各学位分委员会进行把关，校学位委员会负责学位管理整体工作，负责制度建设和争议事项处理。

全面提高人才培养能力是建设世界一流大学的核心。博士生培养质量的提升是大学办学质量提升的重要标志。我们要高度重视、充分发挥博士生教育的战略性、引领性作用，面向世界、勇于进取，树立自信、保持特色，不断推动一流大学的人才培养迈向新的高度。

邱勇

清华大学校长

2017 年 12 月

丛书序二

以学术型人才培养为主的博士生教育，肩负着培养具有国际竞争力的高层次学术创新人才的重任，是国家发展战略的重要组成部分，是清华大学人才培养的重中之重。

作为首批设立研究生院的高校，清华大学自 20 世纪 80 年代初开始，立足国家和社会需要，结合校内实际情况，不断推动博士生教育改革。为了提供适宜博士生成长的学术环境，我校一方面不断地营造浓厚的学术氛围，一方面大力推动培养模式创新探索。我校从多年前就已开始运行一系列博士生培养专项基金和特色项目，激励博士生潜心学术、锐意创新，拓宽博士生的国际视野，倡导跨学科研究与交流，不断提升博士生培养质量。

博士生是最具创造力的学术研究新生力量，思维活跃，求真求实。他们在导师的指导下进入本领域研究前沿，吸取本领域最新的研究成果，拓宽人类的认知边界，不断取得创新性成果。这套优秀博士学位论文丛书，不仅是我校博士生研究工作前沿成果的体现，也是我校博士生学术精神传承和光大的体现。

这套丛书的每一篇论文均来自学校新近每年评选的校级优秀博士学位论文。为了鼓励创新，激励优秀的博士生脱颖而出，同时激励导师悉心指导，我校评选校级优秀博士学位论文已有 20 多年。评选出的优秀博士学位论文代表了我校各学科最优秀的博士学位论文的水平。为了传播优秀的博士学位论文成果，更好地推动学术交流与学科建设，促进博士生未来发展和成长，清华大学研究生院与清华大学出版社合作出版这些优秀的博士学位论文。

感谢清华大学出版社，悉心地为每位作者提供专业、细致的写作和出版指导，使这些博士论文以专著方式呈现在读者面前，促进了这些最新的优秀研究成果的快速广泛传播。相信本套丛书的出版可以为国内外各相关领域或交叉领域的在读研究生和科研人员提供有益的参考，为相关学科领域的发展和优秀科研成果的转化起到积极的推动作用。

感谢丛书作者的导师们。这些优秀的博士学位论文，从选题、研究到成文，离不开导师的精心指导。我校优秀的师生导学传统，成就了一项项优秀的研究成果，成就了一大批青年学者，也成就了清华的学术研究。感谢导师们为每篇论文精心撰写序言，帮助读者更好地理解论文。

感谢丛书的作者们。他们优秀的学术成果，连同鲜活的思想、创新的精神、严谨的学风，都为致力于学术研究的后来者树立了榜样。他们本着精益求精的精神，对论文进行了细致的修改完善，使之在具备科学性、前沿性的同时，更具系统性和可读性。

这套丛书涵盖清华众多学科，从论文的选题能够感受到作者们积极参与国家重大战略、社会发展问题、新兴产业创新等的研究热情，能够感受到作者们的国际视野和人文情怀。相信这些年轻作者们勇于承担学术创新重任的社会责任感能够感染和带动越来越多的博士生，将论文书写在祖国的大地上。

祝愿丛书的作者们、读者们和所有从事学术研究的同行们在未来的道路上坚持梦想，百折不挠！在服务国家、奉献社会和造福人类的事业中不断创新，做新时代的引领者。

相信每一位读者在阅读这一本本学术著作的时候，在吸取学术创新成果、享受学术之美的同时，能够将其中所蕴含的科学理性精神和学术奉献精神传播和发扬出去。

清华大学研究生院院长

2018 年 1 月 5 日

导师序言

生物大数据的快速发展和积累，特别是在高通量测序技术的推动下，为我们深入理解基因调控机理和探索复杂遗传疾病的发生发展提供了前所未有的机会。然而，目前对这些生物大数据的全面解读仍面临着推理复杂、生物知识不够准确、多源异质数据协同分析不够精细等挑战。近年来，深度学习等人工智能技术在多个领域取得了突破性成果，为解决这些关键问题提供了强大的工具。

刘桥博士在其学位论文中，以染色质开放性这一表观遗传学信号的预测方法为例，系统地研究了细胞群水平及单细胞水平的染色质开放性分析系统与方法，开发了多种机器学习和深度学习方法来进行数据的解读和分析。主要研究内容及创新成果可以概括为以下三点：

（1）提出了对染色质开放区域进行预测的深度学习方法。通过整合基因组序列、基因表达数据，以及物种进化保守性信息，获得了很高的预测准确性，解释了染色质开放区域特有的基因组序列特征。进一步基于预测模型设计了个性化的遗传变异致病性识别方法，可促进精准医学中重大疾病的个性化防诊治。

（2）提出了对高维稀疏数据进行概率密度估计的神经网络理论与方法。通过构建两组循环相连的生成对抗网络，在对高维稀疏数据进行降维的同时进行概率密度估计。该理论突破了神经网络研究中理论缺乏的瓶颈，是深度学习理论研究的一项重要进展。

（3）提出了基于单细胞染色质开放性数据辨识细胞类型的神经网络模型。在上述概率密度估计的神经网络理论指导下，设计了用于非监督聚类的循环生成对抗网络模型，实现了对细胞类型的辨识，进行了后续细胞类型层次的功能建模分析。进一步拓展该模型，实现了整合单细胞基因表达与染色质开放性数据的细胞类型精确辨识。

综上所述，刘桥博士在其学位论文中展现了其在生物医学大数据分析与建模中的卓越能力和创新成果。他所提出的多种深度学习和人工智能方法，不仅显著提升了生物医学数据建模的能力，也为精准医学的个性化防诊治提供了重要的理论支持，为未来的生物信息学研究和临床应用奠定了坚实的基础。

江瑞教授

北京，2024 年 7 月

摘　要

随着深度测序技术的迅速发展，基因组、转录组、表观遗传组等多组学测序数据迅速积累，为发现生物体的细胞类型构成、理解细胞内基因调控机制，进而解析重大遗传疾病发生发展的生物学机制提供了丰富的数据资源。然而，全方位解读这些生物大数据，目前还面临利用生物大数据推理复杂生物知识不够精确、对生物大数据多源异质协同分析不够细致等局限。近年来，以深度学习为代表的人工智能技术在多个领域已取得突破性进展，为解决上述关键问题提供了强有力的手段。本书以染色质开放性数据的信息解读为主线，通过融合多种组学数据的方式，研究预测染色质开放性的机器学习方法、探索单细胞染色质开放性数据分析的理论与方法。主要研究内容及创新成果包括：

（1）针对染色质开放性预测问题，提出了一种整合基因组序列与进化保守性的随机森林方法 kmerForest，实现了在给定细胞系下基因组的染色质开放性预测。进一步提出了整合基因组短片段词频的混合卷积神经网络模型 Deopen，实现了染色质开放性信号的二值分类与连续值回归。大规模交叉验证显示上述方法的预测性能优于已有方法，且预测结果对遗传学数据的分析具有促进作用。

（2）针对跨细胞系染色质开放性预测问题，提出了一种融合基因组注释及转录组数据的密集连接卷积网络模型 DeepCAGE。通过利用已有生物学先验知识，有效提升了模型的预测性能，并进一步建立了基于染色质开放性解析复杂表型相关非编码区遗传因素的分析方法，应用于复杂表型研究中。

（3）针对基于单细胞染色质开放性数据的细胞类型发现问题，提出了一种循环生成对抗网络模型 scDEC，首先从概率密度估计的角度论证了该模型的理论基础，并在细胞聚类等一系列任务中展现了模型的优异性能，还实现了单细胞染色质开放性与单细胞基因表达数据的协同分析。该模型在对细胞聚类的同时能对单细胞染色质开放性进行降维表示，从而促进了后续细胞轨迹推断、细胞调控机制解析的研究。

本书从“数据融合、信息迁移”的观点，系统性地研究了细胞群与单细胞染色质开放性数据分析中的关键问题，对生物数据解读中的概率密度估计等共性基础问题进行了创新性探索，研究成果不仅能对大规模染色质开放性数据高效分析，还能加强对细胞调控机制的深入理解，从而促进对遗传学数据的有效解读。

关键词： 染色质开放性；机器学习；多组学数据；神经网络；单细胞

Abstract

With the rapid development of deep sequencing technology, the quick accumulation of multi-omics data, including genomic, transcriptomic, and epigenomic sequencing data, provides a rich resource to discover the cell types that constitute organisms, understand the mechanism of gene regulation in cells, and analyze the occurrence and development of genetic diseases. However, achieving a comprehensive interpretation of these biological big data still has several limitations such as insufficient accuracy in the and functional prediction underlying the biological data and insufficient analysis for the multi-source heterogeneity of the biological data. In recent years, artificial intelligence technology, especially deep learning, has made breakthrough advances in many fields, thus providing a powerful tool to solve the above-mentioned key problems. This book focuses on the computational analysis of chromatin accessibility data, which includes a comprehensive investigation of machine learning methods for predicting chromatin accessibility and exploring theories and methods of single-cell chromatin accessibility analysis through the integration of multi-omics data. The main research contents and innovation results include:

First, for the problem of chromatin accessibility prediction, a random forest-based method kmerForest that integrates genome sequence and evolutionary conservation was proposed. It enables chromatin accessibility binary prediction of the genome in a given cell line. A hybrid deep convolutional neural network named Deopen, which integrates the word frequency of short genomic fragments, was further proposed. It can make binary prediction and continuous regression of chromatin open signals. Large-scale cross-validation experiments show that the prediction performances of the above methods are better than the existing methods and the prediction results can promote the analysis of genetic data.

Second, for the problem of cross-cell-type prediction of chromatin accessibility, a densely connected convolutional network model DeepCAGE that fuses genome annotation and transcriptomic data was proposed. By utilizing the existing biological prior knowledge, the prediction accuracy of the model is largely improved. An analysis approach was established based on the chromatin accessibility for interpreting the genetic factors of the complex phenotype-related non-coding regions. This analysis approach was successfully applied to the study of complex phenotypes.

Third, for the problem of cell type discovery in single-cell chromatin accessibility analysis, a cycled generative adversarial network model scDEC was proposed. We first demonstrate the theoretical basis of scDEC from the perspective of probability density estimation. Then, we illustrate its superior performance in a series of experiments, such as cell clustering. scDEC also enables the joint analysis of single-cell chromatin accessibility and gene expression. This model performs cell clustering and low-dimensional representation learning of single-cell chromatin data, simultaneously. scDEC also facilitates the subsequent study on cell trajectory inference and cell regulation mechanism analysis.

This book systematically investigates several key problems in the analysis of bulk and single-cell chromatin accessibility data from the perspective of “data integration, information transfer” and also innovatively explores the fundamental problems, such as density estimation towards the interpretation of biological data. The research findings can not only help analyze large-scale chromatin accessibility data efficiently, but also promote a deeper understanding of cell regulation mechanisms and facilitate the effective interpretation of genetic data.

Key words: chromatin accessiblity; machine learning; multi-omics data; neural network; single-cell

符号和缩略语说明

缩略语	说明
DNA	核糖核酸（deoxyribonucleic Acid）
RNA	脱氧核糖核酸（ribonucleic Acid）
TF	转录因子（transcription Factor）
GWAS	全基因组关联分析（genome-wide association study）
WGS	全基因测序（whole genome sequencing）
SNP	单核苷酸位点突变（single nucleotide polymorphism）
RNA-seq	核糖核酸测序（ribonucleic acid sequencing）
ATAC-seq	基于转座酶获取染色质开放性的高通量测序技术（assay for transposase-accessible chromatin using sequencing）
DNase-seq	基于 DNase I 超敏位点研究染色质开放性的高通量测序技术（DNase I hypersensitive sites sequencing）
ENCODE	DNA 元件百科全书（encyclopedia of DNA elements）
MSA	多物种比对（multiple sequence alignment）
HGMD	人类基因变异数据库（human gene mutation database）
eQTL	表达数量性状基因座（expression quantitative trait loci）
PCR	聚合酶链式反应（polymerase chain reaction）
TSS	转录起始位点（transcription start site）
GO	基因本体数据库（gene ontology）
bp	碱基对（base pair）

kbp	千碱基对（kilo base pairs）
p 值	统计假设检验显著性（p-value）
CNN	卷积神经网络（convolutional neural network）
GPU	图形处理单元（graphics processing unit）
DenseNet	密集连接卷积网络（densely connected convolutional networks）
ResNet	残差网络（residual network）
AUROC	接受者操作特征曲线下面积（area under the receiver operating characteristic curve）
AUPRC	准确率–召回率曲线下面积（area under the precision-recall curve）
TPR	真阳性率（true positive rate）
FPR	假阳性率（false positive rate）
PCA	主成分分析（principal component analysis）
t-SNE	t 分布随机邻域嵌入（t-distributed stochastic neighbor embedding）
UMAP	统一流形逼近与投影（uniform manifold approximation and projection）
NMI	归一化互信息（normalized mutual information）
ARI	调整兰德指数（adjusted rand index）
GAN	生成对抗网络（generative adversarial network）

目　录

第 1 章　引　　言

1.1　研究背景与意义

人们对生命活动的理解总是伴随着各种生物技术的革新和发展而不断加深。从单个细胞，如受精卵，经过复杂的细胞分裂、分化发育等生命过程，进而演化成一个完整的个体，其背后的基因调控机理、分子运作机制等核心问题吸引着无数科学家锲而不舍地进行探究。英国科学家克里克在 1958 年提出“DNA→RNA→ 蛋白质”中心法则[1] 距今已有六十余载。现代生物学的研究让人们对基因调控机理等重要基础科学问题能够进行更加多层次、高精度的深度解读。21 世纪初期，人类基因组计划的完成让人们距离破解人类遗传密码迈出了一大步，为解析人类遗传密码提供了宝贵的基因组序列信息[2]。而在随后的研究中大家发现，在由大约 30 亿碱基对所组成的人类基因组中，真正能编码蛋白质的基因片段占比不到 1%。如何对占比 99%以上的非编码的基因组区域进行解读变得尤为重要，这对于深入理解基因调控机制、研究基因型与表型的关联关系、探索复杂遗传疾病的发生发展规律等具有重大的意义。

随着对基因组的研究不断深入，研究者们发现人类基因组中除几万个编码蛋白质的基因外，非编码区域的片段在基因转录等活动中也起了重要的调控作用，其中就包括如启动子（promoter）、增强子（enhancer）、沉默子（silencer）等重要的基因调控元件。这些调控元件往往不是单独地参与基因调控活动，而是多种调控元件形成复杂的调控网络与细胞中的蛋白质，如转录因子等一起共同参与基因调控[3]。在复杂的基因调控系统中，任何环节出现错误都可能经过一系列的连锁反应最终体现在个体表型的差异上[4]。不少疾病的产生与发展都与基因调控的失衡和错乱有着直接或间接的关系[5]。遗传学研究的核心问题之一便是找到与疾病相关的基因与突变位点。这种突变位点如果在基因编码区域，则可以通过其转录得到的 RNA 或者编码得到的蛋白质来研究其突变对生命活动的影响。如果突变发生在非编码区域，那么对其机理的建模分析就变得极为困难。全基因组关联分析（GWAS）的研究告诉我们人体基因组上绝大多数的突变都存在于非编码区。因此，非编码区域的功能建模、突变与疾病表型的关系研究也显得前所未有的重要。

得益于以高通量测序技术为代表的生物技术突飞猛进的发展[6]，针对不同物种、不同器官、不同组织、不同细胞型的跨尺度、多模型的生物大数据得以大量积累。这为我们试图解析基因调控机理、破解遗传密码提供了宝贵的数据支持。如 ENCODE[7]、Roadmap[8] 等公共数据库提供了诸如基因表达、染色质开放性、转录因子绑定位点、DNA 甲基化等数据。这些涵盖了基因组、转录组、蛋白组、表观基因组不同层次的丰富数据能让我们深入理解基因调控的过程、解析基因调控的机理。这些大规模、跨尺度、多模态的量化生物大数据为研究基因调控机理提供了宝贵的数据基础。

另外，单细胞技术的出现让人们对细胞调控的理解进入全新的层次——单细胞水平的基因调控[9]。上述基因表达与染色质开放性等生物信号已经能在单个细胞上得到测量。单细胞测序很大程度上解决了传统细胞群测序技术难以处理的细胞异质性、细胞间时空相互作用、细胞特异性分化等重要问题，这使得单细胞测序技术很快便成为现代生命科学研究的基本手段与工具之一。对这些细胞群水平和单细胞水平的跨尺度、多模态生物大数据解读已经成为生命科学的核心内容之一。

人们注意到上述生物大数据目前正以几何级数的速度进行快速生产和积累，这些数据的分析亟需一些表现力强、通用性高的计算模型[10]。一方面，计算模型可以利用现有数据对基因调控的过程进行精准建模，如针对单种调控元件的活性与其所处的基因组环境进行关系型建模，亦或是对调控元件、转录因子、基因等多种参与基因调控的基础元件进行调控网络的构建[11]，此类计算模型能让人们对基因调控的机理在一定前提假设下进行精确的刻画和描述，让人们对基因调控这一复杂的生物过程有一个更为直观的认识。另一方面，以机器学习方法为代表的计算模型在生物大数据的大量应用让人们意识到，合适的机器学习模型能对大量生物数据的特征进行良好的学习，并对未知的生物信号进行有效的预测和判断。尤其是在计算机视觉、自然语言处理等多个领域已经取得突破性进展的深度学习技术[12]，已经被证明为对大规模数据进行信息挖掘的有效工具。

这些强有力的计算模型不仅能够帮助有效解析大规模生物数据中所蕴含的生物知识，同时也能克服目前生物大数据自身存在的局限性。如仅仅依靠大规模的生物实验数据难以涵盖所有的物种、器官、组织、细胞系环境。而强有力的机器学习方法便可以在一定程度上弥补生物实验成本过高、部分生物数据缺失等问题。计算生物学家针对不同生物大数据的分析和计算已经提出了大量的计算生物模型。在这一点上，计算生物学模型的发展与大规模的生物实验数据的产生和积累是相辅相成的。生物大数据加上解析生物大数据的高效计算模型成为人们探索现代生命科学奥妙、研究基因遗传密码的两个不可或缺的重要因素。

本书正是考虑到生物大数据在当前正以前所未有的规模高速进行生产和积累，这对生物计算模型的计算性能、效率等提出了越来越高的要求。要想全方位地解读这些生物大数据，目前还存在着对生物大数据所蕴含的生物功能预测不够准确、对生物大数据的多源异质性的协同分析不够细致等局限。本书以重要的表观遗传学信号染色质开放性为研究主线，以机器学习方法尤其是深度学习方法为主要手段，针对以染色质开放性为代表的生物实验数据进行了系统性的解读、建模和分析。本书回答的科学问题包括：细胞群染色质开放性预测中进化保守性信息的整合问题、细胞群染色质开放性预测中基因组短片段词频特征的结合问题、细胞群染色质开放性预测中先验生物知识融合问题、基于染色质开放性数据的遗传学数据解读问题、单细胞染色质开放性数据中细胞类型发现问题、单细胞染色质开放性数据与单细胞基因表达数据协同分析问题等。

1.1.1 高通量测序技术

迄今为止，DNA 测序技术已经经过了主要三代技术的迭代。Sanger 等首先在 1977 年完成了噬菌体的超过 5000 bp 的基因组测序[13]。第一代测序技术就是在 Sanger 等所提出的基础上改进而来的。最著名的应用便是人类基因组计划[2,14]。第一代测序技术具有长读段、高成本、低通量等特点，这会严重影响测序的效率及 de novo 测序、转录组测序等新型测序技术的普及。

第二代测序技术则主要基于 Roche 公司的 454 技术[15]、Illumina 公司的 Solexa 技术、Hiseq 技术[16-17] 等。相比于第一代测序技术，第二代测序技术能同时测量百万级别的核酸分子序列，并且让测序成本进一步降低且测序通量、测序多样性进一步增加，同时测序读段相比于第一代要小很多。第二代测序技术如今已经极为广泛地应用在基因组测序、转录组测序、蛋白组测序、表观遗传组测序上[18-21]，从而极大地丰富了序列技术的应用场景。时至今日，第二代测序技术仍然是使用最为广泛的测序技术。

第三代测序技术则是以 PacBio 公司的 SMRT 技术及 Oxford Nanopore 纳米孔技术[22] 为代表，其最大的特点便是不需要 PCR 分子扩增，可直接对单个 DNA 或 RNA 分子进行测序，具有很高的便携性。目前该技术正处于快速发展阶段，距离其大规模的广泛应用还需要一定时间。如图 1.1 所示，随着测序技术的不断迭代和更新，人体基因测序的成本已经得到了显著的下降。

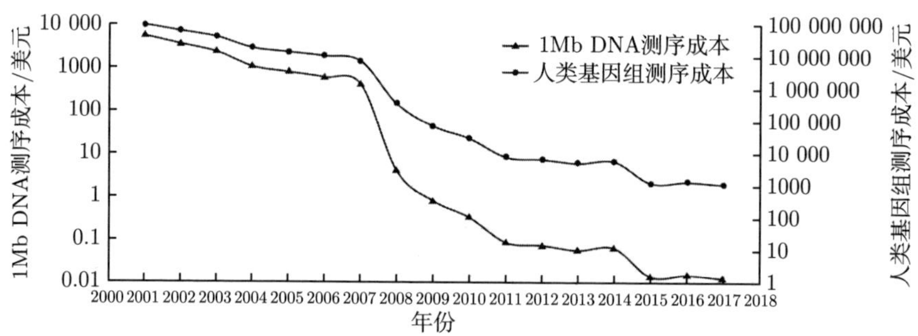

图 1.1　基因测序成本随年份的变化[23]

如果从测序样本分辨率的角度来看待测序技术的革新与演变，那么测序技术则经历了从细胞群测序（bulk sequencing）到单细胞测序（single-cell sequencing）的发展过程。传统的细胞群测序技术往往需要百万甚至更多的细胞组成测序样本，得到的测序数据体现的是细胞群样本的信号强弱。而单细胞测序技术的出现为揭示复杂的生物活动，诸如细胞分化发育等，提供了重要的线索[24-26]。单细胞技术从很大程度上解决了传统细胞群测序技术无法解决或很难解决的稀有细胞类型识别、人类细胞图谱构建等重要科学问题。

剑桥大学汤富酬等在 2009 年率先将单细胞高通量测序技术应用在人类卵细胞的单细胞基因组分析上[27]。在此之后，单细胞测序技术迅速发展壮大并扩展到基因组、转录组、表观遗传组、三维结构基因组等类型的组学数据中[28-32]，从而极大地丰富了单细胞测序技术的应用范围。同时以分子液滴[33]（droplet）、微孔芯片[34]（microwell）及组合索引技术[35]（combinatorial indexing）为代表的单细胞建库技术的出现，让单细胞测序实验的通量直接提升至数千细胞的量级，使得大规模的单细胞数据研究成为可能。图 1.2 展示了上述三种主流细胞标记与建库方法的特性。单细胞技术的出现直接提高了测序数据的分辨率——从传统几十万至数百万的细胞直接提升到了单个细胞的测量精度，极大地丰富了生物学的研究手段，使得人们对细胞中各类生物大分子的活动特征描述更为准确，从而能够更加清晰地理解组织、器官与生物体的发育和演化过程，并为解析生命系统中细胞分化发育规律、研究疾病的产生机理的重要科学问题带来了新的契机。

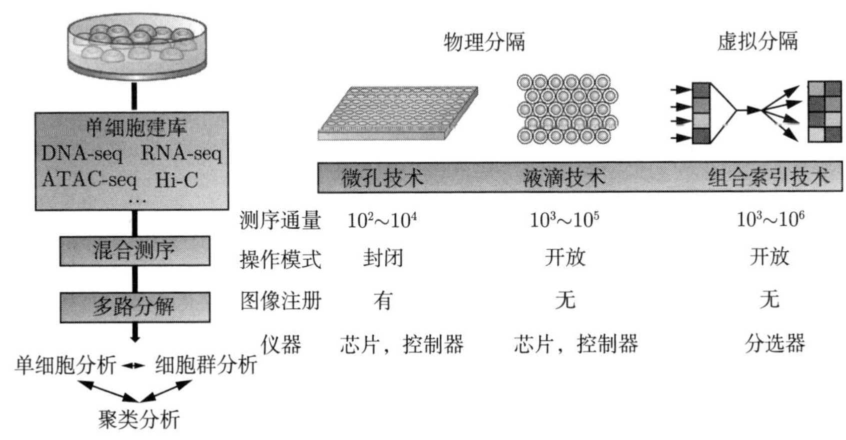

图 1.2　高通量单细胞测序主流细胞标记与建库的方法

1.1.2　染色质开放性

在了解染色质开放性之前，必须了解真核细胞内染色质的基本结构。尽管人体基因组 DNA 由大约 30 亿对碱基组成，DNA 分子拉直后的物理长度大约为 2 m，但 DNA 并不是规则地线性排列在细胞核中，而是与核小体折叠缠绕成更为紧致的形态。真核细胞的染色质往往会紧密地包裹在一系列的核小体中。每个核小体被长度大约为 147 bp 的 DNA 片段折叠环绕两圈[36-38]，核小体及缠绕在其上的 DNA 片段便构成了染色质的基本组成单元。核小体的核心由四种不同的组蛋白组成，可以通过共价修饰过程改变自身的结构[39-40]。核小体在整个基因组的定位具有重要的调节功能，并且能够直接影响转录因子绑定位点的分布，从而进一步影响 DNA 参与的生命活动，如基因转录、DNA 修复、DNA 复制等[41]。

染色质的开放性则可以定义为 DNA 在与核小体结合后再与其他生物分子（比如转录因子）结合的能力。如图 1.3 所示，在染色质闭合区域，核小体分布紧密，DNA 被核小体覆盖程度高；而在染色质开放区域，核小体分布较为稀疏，部分“裸露”的 DNA 则相对更容易地与转录因子（TF）等蛋白质相结合，从而进行基因转录等生命活动，所对应的“裸露”的 DNA 区域则相对而言更加“开放”。染色质开放性具有很强的动态性，这种动态性在细胞特异性与时间空间特异性上均有体现，因此，染色质开放性也体现了不同环境、不同时刻的细胞功能基因组的状态。

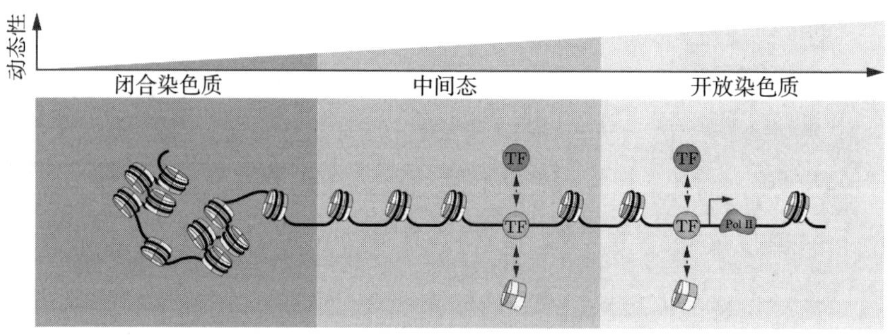

图 1.3　闭合染色质与开放染色质示意图[42]

染色质开放性的区域在整个基因组中占比仅为 2%～3%，但是却捕获了超过 90%的转录因子结合区域，仅有为数不多的几个转录因子与 DNA 结合的区域集中分布在异染色质区域[43]。一方面，转录因子与组蛋白及其他的染色质绑定蛋白通过竞争调节核小体在染色质上的分布[44-45]；另一方面，不同细胞系的染色质开放性也意味着不同的转录因子绑定的形式[46-48]。转录因子具有非常广泛的功能作用，能为基因转录活动提供一定的动态调节，并建立维持共同基因组在不同细胞类型下进行基因转录活动的表观遗传通道。因此，染色质开放性不仅反映了转录因子的绑定结合能力，也反映了在该基因区域的调控潜能。

目前主流的染色质开放性实验测量方法通常通过量化染色质对酶促甲基化或 DNA 分子裂解的敏感度来实现。原则上来讲，染色质开放性应该取决于与 DNA 分子片段进行绑定交互的蛋白质分子类型。然而有研究发现，染色质开放性对不同的蛋白分子类型具有高度的保守性[49]。1973 年，Hewish 等率先使用 DNA 核酸内切酶将染色质片段化，表明核小体在整个基因组上具有周期性超敏反应[50]。具体体现在整个基因组的 DNase 超敏性位点之间呈现出 100~200 bp 的周期性。而在 1958 年 PCR 技术被引入后[51]，人们能够利用核酸内切酶与连接介导 PCR（ligation-mediated PCR）对染色质的特定片段的开放性进行定量测量[52-53]。随着高通量测序技术的出现与发展，现代生物学中对染色质开放性的测量已经几乎完全被高通量测序技术方法所取代。DNase-seq 技术便是利用非特异性的核酸内切酶对 DNase I 超敏位点（DHS）进行全基因组尺度的切割[54-55]。全基因组尺度的染色质开放性数据显示在启动子和转录起始位点（TSS）的近端仅发现了少数 DHS 单位点，超过 80%的染色质开放区域都位于远端的增强子区域。DNase-seq 实验流程如图 1.4 左侧所示，DNA 片段会经历 DNA 切割、黏性末端融合、建库、测序等流程。

另一种被广泛应用于测量全基因组染色质开放性的技术为 ATAC-seq，在 2013 年由斯坦福大学的 William J.Greanleaf 与 Howard Y.Chang 等提出[49]。其基本原理是利用高活性的 Tn5 转座酶将全基因组的染色质开放区域进行切割并添加测序适配接头（adaptor），这些测序适配接头里具有已知的 DNA 序列标签，从而可以利用这些已知的 DNA 序列标签进行建库、PCR 扩增等。其实验流程如图 1.4 右侧所示。与 DNase-seq 技术相比，ATAC-seq 技术具有可操作性强、对细胞数量要求低（几百）、实验重复性好等优点。ATAC-seq 技术已经逐渐成为测量全基因组染色质开放性的首选方法[56]。

除应用广泛的 DNase-seq 及 ATAC-seq 技术外，基于微球菌核酸酶切割核小体的 MNase-seq 技术[57] 及利用甲醛、酚氯仿抽提分离从而获取裸露 DNA 的 FAIRE-seq 技术[58] 也得到了一定范围的应用。但这些技术和 DNase-seq 具有的共同缺点就是对细胞数量要求过高，从而在一定程度上限制了这些技术的应用场景和范围。具体而言，MNase-seq 技术测量的目标区域为染色质中的核小体区域，其实验过程需要保证在建库过程中精准控制酶量，对实验技术要求较高。FAIRE-seq 技术在细胞数量上的要求相对于 MNase-seq 与 DNase-seq 略低，但其实验数据存在信噪比低等问题，这对解读实验数据与其下游分析造成了一定的困难。整体而言，ATAC-seq 技术存在细胞需求量小、实验可操作性强、测量准确度高等优点，这些特点也使得 ATAC-seq 技术的应用越来越广泛。DNA 元件百科全书数据库 ENCODE[7] 便收录了不同实验技术所测量的染色质开放性数据，但仅有 DNase-seq 与 ATAC-seq 数据包含的较为全面。表 1.1 展示了上述四种染色质开放性的实验获取方法的不同特点与比较。

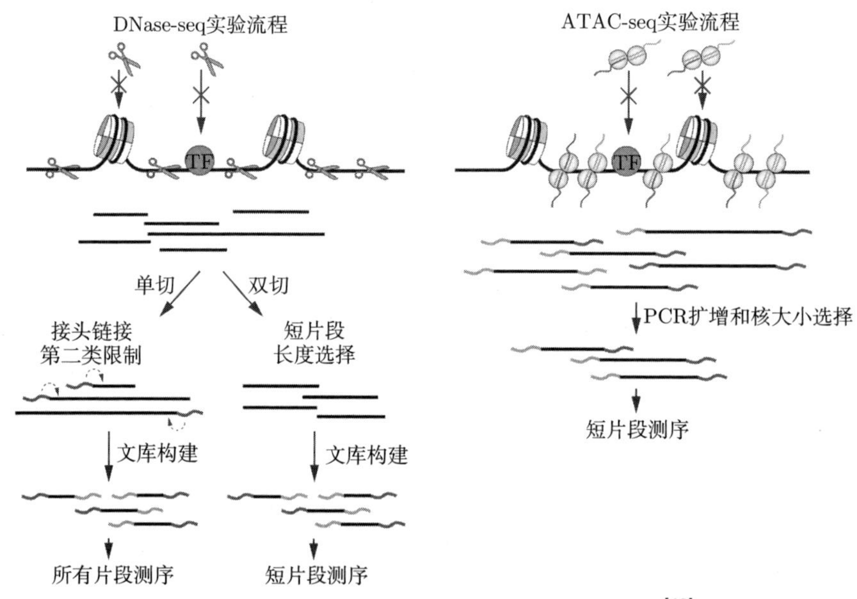

图 1.4 **DNase-seq 与 ATAC-seq 实验流程**[42]

随着单细胞测序技术的出现与发展，研究者们也尝试将单细胞测序技术用于染色质开放性的测量中，即获取单个细胞的染色质开放性状态，由于二倍体生物，如人类，其遗传信息的拷贝数目理论上最大即为 2。意味着单细胞染色质开放性的测序方法需要捕获单个细胞中的单个或者拷贝数为 2 个的 DNA 片段。基于上述细胞群染色质开放性测序技术 ATAC-seq 的成功经验，单细胞染色质开放性需要解决的最大问题便是细胞分离和建库的技术。目前主流细胞分离与建库技术有两种，即组合索引技术[59]和微流体技术[60]。

表 1.1 获取染色质开放性的不同实验方法

方法名称	细胞数目	建库原理	目标区域	优缺点
MNase-seq	10^7	微球菌核酸酶 MNase 消化染色质上未被核小体或蛋白质保护的 DNA	核小体区域	需要大量细胞，精准控制酶量
FAIRE-seq	$10^5 \sim 10^7$	利用甲醛固定酚氯仿抽提分离获取裸露的 DNA	染色质开放区域	信噪比低，数据解读困难
DNase-seq	10^7	利用 DNase I 优先切割核小体被取代的 DNA 序列	染色质开放区域，侧重于转录因子结合位点	需要大量细胞，样本制备复杂
ATAC-seq	$500 \sim 50\ 000$	Tn5 转座酶切割并插入未经核小体或者蛋白保护的 DNA	染色质开放区域	细胞需求量减小，可操作性强，线粒体数据可能污染

组合索引技术提供了一种非常精巧的策略，从而能对数千个单细胞 ATAC-seq 的库文件进行条形码编码[59]，在这种方法中，使用唯一条形码编码的 Tn5 转座酶在纯化的细胞核上进行多次转座反应，共享相同转座反应的一对细胞则在随后合并和分裂操作期间进行共同分离，随后被分别筛选进入含有第二轮条形码编码的 PCR 引物的多孔板中。基于此特点，组合索引技术不需要单独分离单个细胞即可对成千上万的单细胞进行建库。其流程如图 1.5 所示。

基于微流体技术的单细胞 ATAC-seq 技术（scATAC-seq）同样由原 ATAC-seq 技术的发明者 William J.Greanleaf 与 Howard Y.Chang 等提出[60]，微流体技术能够保证一个液滴里仅包含一个细胞核，从而方便完成细胞分离任务，其次便是 Tn5 转座酶的酶切作用、酶切短片进行 PCR 扩增等过程，最终去掉油滴，对序列进行测序操作。其操作流程如图 1.6 所示[60]。尽管每次实验能处理的细胞数量不如组合索引技术，但细胞索引技术的建库复杂度要高出不少。目前 scATAC-seq 技术已被 10X Genomics 等公司在基于液滴的微流体一站式平台上实现并商用。scATAC-seq 技术也逐渐成为单细胞染色质开放性测量的主流方法。

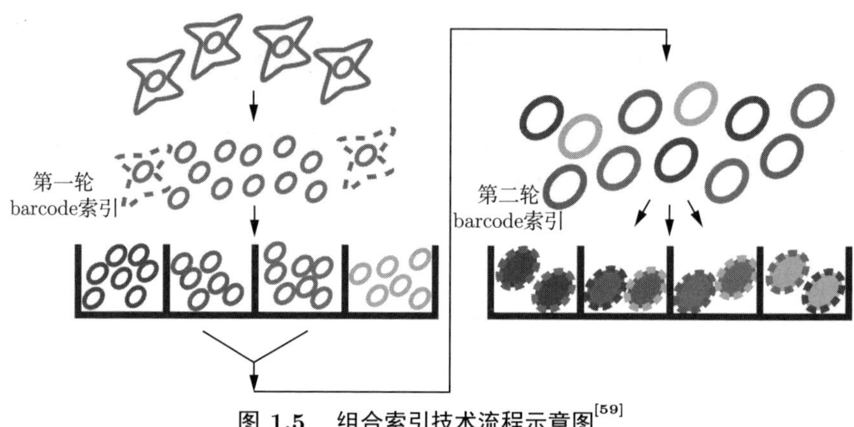

图 1.5 组合索引技术流程示意图[59]

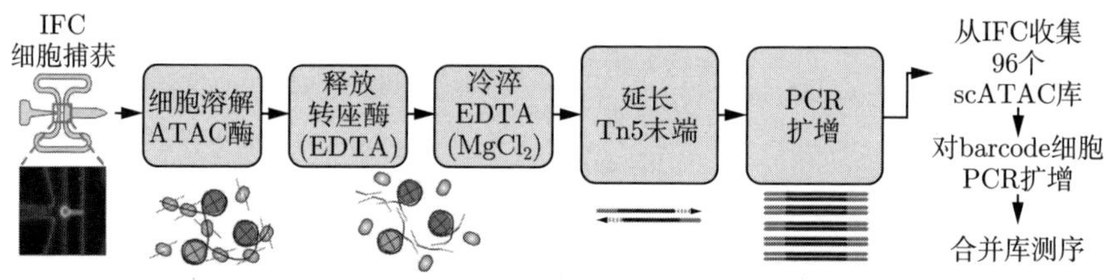

图 1.6 基于微流体技术的 scATAC-seq 流程示意图[60]

1.1.3 基因调控机制

细胞通过染色质的复杂结构承载大量遗传及调控信息，即 DNA 包裹在组蛋白周围并与之紧密包装结合在一起。为了在特定的编码区表达基因，染色质将打开，DNA 可通过与增强子、启动子等细胞调控元件相互作用而形成基因调控的核心组成部分。此外，细胞的内聚复合物、序列特异性转录因子和 RNA 聚合酶 Ⅱ 等被召集起来共同以精细的方式调节基因表达水平[61]。人体内长度大约为 2 m 的 DNA 分子通过紧密而复杂的折叠存在于细胞核中，这个过程往往会牵涉 DNA 对组蛋白的包裹及核小体结构的形成。研究者们通常认为染色质的结构可以影响基因表达、蛋白质表达、生物信号通路甚至复杂的表型性状[62]。

具体而言，在一些细胞系中，转录因子、RNA 聚合酶及其他的分子机器都会参与基因表达的过程，在这个过程中有一些 DNA 区域紧密地被核小体等包裹起来，还有一些 DNA 区域比较“裸露”，相对而言更加容易与转录因子等蛋白质结合，从而进行基因表达等生命活动。通常来说，这种“闭合”及“开放”的区域是具有高度动态性的，这个动态性一方面体现在时间的动态性，即在不同时间点的染色质的结构不同，从而导致行使功能的差异。另一方面体现在空间的动态性，在不同的细胞环境下、不同的核区域，染色质都呈现很大的差异性。于是一个很自然的问题就是参与基因调控的这些元件在何时、何地及以何种程度参与基因的表达，以及这些调控元件的信息是如何嵌入染色质结构之中的。人们对染色质有一个大概的结构了解，如图 1.7 所示。可以看到，染色体 DNA 通过将 DNA 分层折叠成某些染色质结构而被压缩在细胞核内。大多数 DNA 片段是紧密的染色质，并紧密地包裹在组蛋白周围（圆柱体是核心组蛋白，DNA 包裹在圆筒周围）。开放染色质是转录机制可访问的 DNA 片段（包括结合的 TF 和调节基因的辅因子及调节染色质状态的染色质调节剂（CR）），并进一步影响基因表达（打开或关闭基因）。

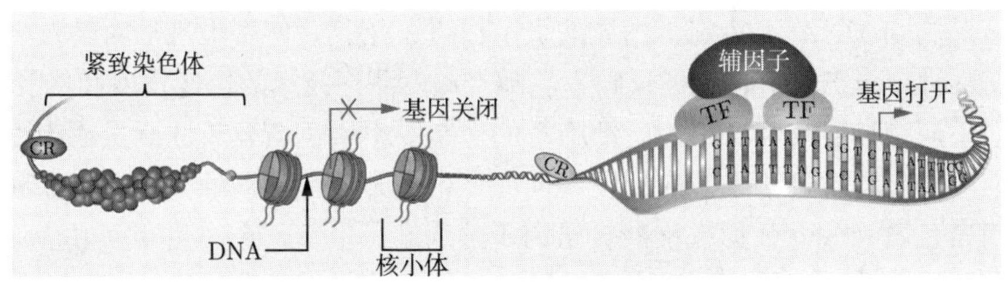

图 1.7 染色质结构以及功能元件示意图[61]

染色质本身提供了阅读和存储的平台并提供基因组信息，对于了解细胞内的调控环境至关重要。表观基因组由来自组蛋白的化学修饰、DNA 的甲基化、非编码 RNA（ncRNA）的表达，以及转录因子的信号组成，它们也参与了染色质的修饰的基因调控的很多环节。DNA 元素百科全书（ENCODE）和路线图基因组计划（Roadmap）等大型计划提供了有关染色质开放性、组蛋白修饰、转录组绑定位点等的大量数据，并且横跨不同物种、器官、组织和细胞类型。这些丰富的数据为建模基因调控因果关系提供了非常宝贵的数据基础。随着这些生物大数据的不断积累及计算模型的丰富，人们将能够对基因调控机理进行更加准确的解释，并最终帮助人们了解细胞内的信息流，从信息视角揭示基因调控原理。

1.2 研究现状与不足

本节主要回顾针对染色质开放性这一重要的表观遗传信号的分析计算方法与计算模型，并从历史时间发展角度进行较为系统性的回顾。由于细胞群（bulk）染色质开放性的分析手段与单细胞染色质开放性的分析方法思路差别较大。故下文将分别回顾两种不同类型的染色质开放性数据分析方法的研究现状。

1.2.1 细胞群染色质开放性预测方法

对于细胞群染色质开放性而言，在深度测序技术尚未大规模普及之前，研究者们普遍使用足迹方法（footprint）[63-64] 来探究染色质的开放性。例如 DNase I 足迹法能获取 DNase I 切割酶在 DNA 分子上的切割位点，并且能够进一步确认 DNA 上与蛋白质结合的曲线关系。足迹法能够探测到 DNA 上特定蛋白质的绑定位点，尤其是使用足迹法对转录因子的绑定位点具有良好的反映[65]。随着深度测序技术的快速发展和普及，对不同物种、器官、组织、细胞系的全基因组染色质开放性测量成为可能。传统的足迹法也被应用在不同的染色质开放性数据的分析上，如利用染色质开放性数据去推断转录因子的绑定[66-67]。还有一些计算方法除染色质开放性以外，还融合了其他组学信息比如组蛋白修饰来一起预测转录因子的绑定位点[68]。这些方法往往利用了染色质开放性研究其他蛋白质（如转录因子）与 DNA 分子结合的绑定特性，某种程度上也属于染色质开放性的计算分析模型。而本研究中更加侧重针对染色质开放性本身的机器学习预测模型，故不专门对这些染色质开放性的其他应用模型进行分析和回顾。

针对染色质开放性的预测方法基本均属于机器学习方法中监督学习的范畴。从数据输入类型的角度可以大致分为三类，第一类方法是基于基因组序列的模型，此类模型的特点是直接以 DNA 序列特征作为模型输入，建立从 DNA 序列特征到染色质开放性间的映射关系。Lee 等在 2011 年率先提出了基于支持向量机（SVM）的序列预测模型 kmer-SVM[69]，该模型直接以序列的 k 聚体（k-mer）特征作为输入，从而对 DNA 中的功能信号区域进行预测。在 2014 年同样是由 kmer-SVM 的作者对原模型进行了改进，从而提出了 gkm-SVM 模型[70]，gkm-SVM 使用“间隔式” k 聚体特征（gapped k-mer），克服了传统 k 聚体特征的一些局限性，如增加 k 则会导致 k 聚体特征呈现指数级别增长，从而变得十分稀疏。“间隔式” k 聚体特征具有更好的包容性与鲁棒性，在一系列实验中，“间隔式” k 聚体特征被证明具有更好的预测效果。

随着深度学习在计算机视觉等领域取得巨大成功，很多基于神经网络的方法也被用于染色质开放性任务的预测。Zhou 等于 2015 年提出了 DeepSEA 模型[71]，DeepSEA 通过基因组序列作为输入利用神经网络模型来预测基因组功能区域。具体而言，该模型以 1000 bp 长的 DNA 序列作为输入，经过卷积、最大池化等操作来预测该输入 DNA 片段在不同细胞系中染色质开放性等信号存在与否。在下游应用中被证明对非编码区序列突变影响的预测也十分准确。DeepSEA 模型建立了神经网络/深度学习模型在染色质开放性等信号预测上的一个成功应用示范。随后 Quang 等在 2016 年提出了在 DeepSEA 基础上改进得到的 DanQ 模型，DanQ 模型[72] 与 DeepSEA 模型具有同样的输入，主要特点是引入了循环神经网络模块，从而在一些预测任务上取得了更好的效果。由 Kelly 等在 2016 年提出的 Basset[73] 则以 600 bp 长的 DNA 序列作为模型输入，通过卷积、最大池化、全连接层最终对 164 个细胞系的染色质开放性信号进行预测，这是一个典型的多任务模型，其基本假设是不同细胞系下的染色质开放性的序列特异性（specificity）具有一定的共享相似性。Min 等在 2017 年提出的深度学习模型[74] 则使用了长短期记忆模型（LSTM），利用 DNA 序列来预测染色质开放性，与之前深度学习模型直接使用 DNA 序列的独热表示（one-hot）不同的是，该模型利用嵌入式学习的技术[75] 对 DNA 序列的 k 聚体特征进行了向隐空间的映射，从而得到连续特征。Kelly 等在 2018 年提出了在 Basset 模型上改进了的 Basenji 模型[76]，通过以更长的基因组序列（131kb）作为输入，利用空洞卷积（dilated convolution）等技术对 529 种细胞系或组织下的染色质开放性等多种基因组信号进行预测。

这些基于序列方法的特点是非常容易获取输入数据，同样由于基因组参考序列的唯一性，不同组织、细胞下共享相同的参考基因组，使得这些模型都无法进行跨组织、跨细胞系的预测，这会在一定程度上限制这些方法的进一步推广与使用。

第二类方法是基于其他组学的方法，其核心思路是认为染色质开放性与其他组学数据，如基因表达数据具有内在的联系性，那么通过其他组学数据来预测染色质开放性也是可行的。Zhou 等在 2017 年提出了 BIRD 的多元线性回归模型，该模型仅利用基因表达数据来预测染色质开放区域[77]，具体假设是一个位点的染色质开放性可以由一些基因的表达来进行预测，于是这些基因的表达成为线性模型中的预测因子（predictor）。随后在 2019 年，BIRD 的作者又将其模型进行了推广，融合单细胞基因表达数据后，其模型可以得到更好的预测效果[78]。Jung 等在 2017 年也提出了一种基于基因表达数据来预测染色质开放性数据的方法[79]，与 BIRD 回归模型不同的是，该方法使用了一种分层分类树（hierarchical classification tree）的模型来对染色质开放性进行预测，将预测连续变量的任务变为预测分类任务（即染色质开放或染色质闭合）。

这一类基于其他组学数据来预测染色质开放性的方法也有一部分局限性，首先是相对于方便获取的序列数据，其他组学数据的获取成本往往更高。另外，由于缺乏 DNA 序列数据作为数据，模型只能对预定义位点的染色质开放性进行预测，对于细胞系中新颖的 DNA 位点而言，这些模型就显得束手无策，无法对新的位点进行染色质开放性的预测。

第三类方法融合了上述两类方法的基本思路，即同时将 DNA 序列和其他组学数据作为输入，从而进行染色质开放性信号的预测。这种方法结合了上述两类方法的特点，同时将基因组序列数据及其他组学数据（例如基因表达数据）作为模型输入。2019 年由斯坦福大学的 Kundaje 小组提出的 ChromDragoNN 模型[80] 则是这类方法的代表。ChromDragoNN 模型是一个基于残差网络的深度学习模型，该模型一方面将 1000 bp 长的 DNA 序列经过独热编码（one-hot）后作为模型输入，随后通过四个残差模块（residual block）对 DNA 的高层次特征进行提取，从而得到 4200 维的序列特征；另一方面，1630 个基因的表达值直接与 DNA 的高层次特征拼接在一起，形成 5830 维（4200 + 1630）的向量，最后该拼接的向量进入两层全连接网络及最后的 Sigmoid 层，进行最终的染色质开放性二值预测。该模型训练分为两个阶段，在第一阶段首先预训练一个纯序列的模型用于学习提取 DNA 的序列特征；在第二阶段，加入基因表达的数据进行模型微调（fine-tune）。该模型首次提出同时利用 DNA 序列特征及细胞特异性数据来预测染色质开放性的思路。其最主要的问题是 DNA 特征与基因表达数据直接拼接的操作过于粗糙，缺乏良好的生物学解释。没有利用先验的生物知识进行数据整合，而是简单地将数据拼接起来，利用神经网络强大的学习能力起到了一定的预测效果。

对于细胞群测序的染色质开放性，预测方法主要分为以上三类。从机器学习模型的角度而言，这些方法涵盖了多种监督学习式的机器学习模型，包括多元线性回归模型、传统的支持向量机模型（SVM）及当下在多个领域取得了巨大成功的神经网络模型。

1.2.2 单细胞染色质开放性分析方法

随着单细胞技术的出现与迅速发展，染色质开放性的测量也很快进入单细胞时代。针对单细胞染色质开放性的分析与计算模型则与传统的细胞群测序染色质开放性数据的分析方法和模型有着非常大的差异。单细胞技术的出现使得人们能够对细胞类型和细胞中各分子的活动特性进行全面的刻画和描述，并更加清楚地了解组织和生物体发育的分子动力学基础，其最为直接的一个应用便是利用单细胞数据研究生物体组成与细胞类型。因此，在单细胞染色质开放性的研究中，研究对象变成了细胞个体的染色质开放性。单个细胞的染色质开放性具有维度高、稀疏性强的基本特征。对于二倍体生物来说，体内的 DNA 片段总拷贝数目为 2，这意味着单细胞开放性数据呈现出高度的二值化（绝大部分数值为 0，少部分为 1 与 2）。

从机器学习的角度来看，研究单细胞染色质开放性的方法主要采用的是非监督学习的方法，即通过输入多个细胞的染色质开放性数据，利用非监督学习的方式进行建模分析，核心任务往往包括数据降维、聚类。尽管还有少量方法利用有细胞标签的数据进行监督学习模型的构建，从而进行自动细胞标签分配与细胞类型注释等任务[81-82]。这些方法由于需要先验的细胞标签知识，在实际应用场景中，特别是位置的测序样本数据分析中，具有较大的局限性。故不对该类方法进行详细讨论。

本书主要对非监督学习的染色质开放性分析方法进行较为系统的回顾与分析。几乎所有针对单细胞染色质开放性数据的分析方法都需要通过数据标准化、预处理等步骤将数据转化为特征–细胞的矩阵。根据特征构造方式，可以将这些方法大致分为两类。绝大多数方法属于第一类，即利用细胞群测序数据或者单细胞数据堆积（pool）在一起的数据进行峰检测算法（peak calling）得到的峰区域，从而得到细胞 × 峰区域的染色质开放性特征矩阵。例如，chromVAR[83] 是通过构造前景与背景的 motif 或者 k 聚体分布模型，从而将原有的特征–细胞矩阵利用这些峰（peak）区域中的 motif 富集分数或者 k 聚体频次转化为 motif–细胞或者 k 聚体–细胞的低维矩阵，从而实现数据的降维。Cicero 模型[84] 考虑 TSS 区域附近的峰的并集，从而构造二进制的矩阵作为方法输入，随后通过计算基因的活性分数作为降维后的特征。cisTopic[85] 使用狄利克雷分配（LDA）模型对不同细胞的主题（topic）模型进行概率建模，从而通过得到主题–细胞矩阵完成数据的降维与表示学习。斯坦福大学 Wing Wong 实验室提出了 scABC 模型[86]，首先通过考虑峰周围区域中不同读数的数量来计算每个细胞的总体权重（以估计期望背景）。基于这些权重，然后基于峰的染色质开放性读数，使用加权的 k-medoids 对细胞进行聚类。Scasat 方法[87] 通过检查至少一个读数是否与峰区域重叠来构建逐个峰的二进制染色质开放性矩阵。然后，基于二元矩阵计算 Jaccard 距离，从而得到细胞的相似性矩阵。进一步利用多维缩放（MDS）以进行数据降维与低维表示学习。随着深度学习方法在基因组学中的成功应用，清华大学张强峰实验室提出了 SCALE 模型[88] 来进行单细胞染色质开放性的分析，该模型基于变分自编码器（VAE）对单细胞染色质开放性进行表示学习，从而进行实验数据降维，随后将隐空间的降维数据通过 K-means 进行聚类。

这类方法的主要问题是通过峰检测得到的峰区域往往对具体峰检测算法的参数非常敏感，容易忽视出现读段频次非常少的基因组区域，而这些区域往往是识别罕见细胞类型的关键，因此，此类方法在识别罕见细胞类型上有一定程度的局限性。

另外一类方法则是直接将全基因组进行分割从而得到等长的区域（bin），避免了峰检测的过程，该过程的最大缺陷是容易忽视频次较小的峰，从而降低对罕见细胞类型的检测效果，而基于全基因组滑窗的方法能在一定程度上避免上述问题。例如 Cusanovich 等提出了一整套单细胞染色质开放性的分析方法[89]，首先将基因组切分成 5kb 等长的区域，与 ENCODE 定义的黑名单区域重叠的区域将被过滤掉，并保留前 20 000 个最常用的区域，然后，使用词频—逆文档频率变换（TF-IDF）对逐个单元的二进制矩阵进行归一化和缩放。接下来，执行奇异值分解（SVD）生成逐个主成分的 LSI 得分矩阵，该矩阵通过层次聚类（hierarchical clustering）对细胞进行第一轮分组。随后在每个层次聚类的进化枝内，对聚集的 scATAC-seq 谱图执行峰检测，并将识别出的峰合并为新的逐个细胞的峰二进制矩阵。最后，像以前一样，用 TF-IDF 和 SVD 转换新的逐个峰矩阵，以获得逐个主成分矩阵，这是下游分析的最终特征矩阵。由加利福尼亚大学圣迭戈分校的 Bin Ren 实验室提出的 SnapATAC 方法[90]首先将基因组划分为固定大小的窗口（默认为 5kb），并估计每个细胞的读取覆盖率，以构建细胞的二进制计数矩阵。类似地，与 ENCODE 定义的黑名单区域重叠的区域会被过滤掉，以及 z 得分（z-score）过高或过低的区域也会被过滤掉。然后，细胞的特征矩阵被转换为 Jaccard 索引相似度矩阵，该矩阵通过归一化并逐步消除细胞之间的覆盖偏差。最后，将主成分分析（PCA）应用于归一化的相似度矩阵，并使用靠前的主成分（top PCs）来构建主成分– 细胞矩阵，并用于下游分析。

此类方法避免了峰检测过程中各种参数的敏感性，但是如何将全基因组切分好的区域（bin）进行有效的过滤并没有一个被证明十分行之有效的方法。

对于单细胞染色质开放性分析方法，从特征矩阵构造方式上主要分为以上两类。另外也有个别方法（如 BROCKMAN 方法[91]）仅仅通过基因组中特别的区域，如转座子整合位点的染色质开放性进行特征矩阵的构建。由于以上两类为目前主流的构造特征矩阵的方法，其他个别方法不在此详细介绍。单细胞染色质开放性数据的分析计算主要包括数据降维与数据聚类两个最主要的任务，如数据降维用到了常见的 PCA、SVD 等算法，数据聚类则用到了 K-means、层次聚类（hierarchical clustering）

等。从上述回顾的两类方法可以看出，几乎所有的方法都将数据降维与数据聚类两个任务独立建模，另外，几乎所有的方法或计算流程均使用已有的聚类方法（比如 K-means）进行聚类，计算模型本身缺乏一定的新颖性和创新性。

1.3 本书研究内容与贡献

本书紧密围绕染色质开放性这一核心主题展开，试图回答染色质开放性数据分析中的一系列重要科学问题。具体涵盖了细胞群测序染色质开放性数据的预测问题，细胞群测序染色质开放性数据的跨细胞系预测问题，单细胞染色质开放性数据的降维、聚类与生成问题，基于染色质开放性数据对遗传学数据进行解读的问题等一系列重要的科学问题。

本书的研究分为三部分：第一部分的研究内容是研究基于序列信息的细胞群染色质开放性数据预测方法，首先提出了整合进化保守性信息的随机森林模型（kmerForest），该模型通过整合基因组序列信息与多物种序列的进化保守性信息作为输入，从而预测给定细胞系或者组织下的染色质的开放性状态，体现了“数据整合”的研究思路；其次提出了整合基因组短片段词频的混合卷积神经网络模型 Deopen，该模型通过将手动提取的 k 聚体（k-mer）频次特征与神经网络自动学习到的序列特征进行有机的结合，从而预测给定细胞系或者组织下的染色质开放性二值状态或者回归染色质开放性联系信号，体现了“特征结合”的研究思路。通过一系列交叉验证试验，上述模型的染色质开放性预测效果优于已有方法。另外，可以利用上述模型来估计单核苷酸位点突变（SNPs）可能带来的影响，进而解释全基因组关联研究数据。第二部分的研究内容紧紧承接第一部分，是在第一部分研究内容基础上的延伸与拓展，即研究通过引入其他组学信息完成跨细胞系/组织的染色质开放性预测模型。提出了一种融合基因组注释及转录组数据的密集连接卷积网络模型 DeepCAGE，通过“知识融合”的方式整合转录因子的先验信息与转录组的表达信息，从而完成跨细胞系染色质开放性的预测。并利用 DeepCAGE 模型进一步建立了基于染色质开放性解析复杂表型相关非编码区遗传因素的分析方法，并成功地应用于复杂表型（如身高）的研究中。第三部分的研究内容则从细胞群染色质开放性的研究层面的研究跨越到了单细胞染色质开放性的研究，针对单细胞染色质开放性这一重要的单细胞水平的表观遗传信号，提出了一套基于深度生成式模型的单细胞染色质开放性分析理论与方法，在进行细胞聚类的同时完成对单细胞开放性的低维表示学习，并进一步探究了单细胞染色质开放性与单细胞基因表达数据的协同分析方法。上述三个方面的研究工作的具体创新点和贡献如下。

在第一部分研究内容中，针对人体基因组序列信息丰富（总共约 30 亿碱基对）且难以进行高效特征提取等问题，首先于 2016 年提出了基于随机森林算法的 kmerForest 模型，该模型首次将 DNA 序列的 k-mer 特征与物种进化保守性信息进行了有机整合，体现了“数据整合”的模型设计思路。与当时使用广泛的 kmer-SVM 模型相比，kmerForest 模型在染色质开放性预测上具有更好的预测效果。在下游应用中，通过定义“平均正确率下降”这一统计量来衡量不同 k 聚体的重要性，从而进一步用于评估单核苷酸位点突变的影响。在此之后于 2017 年提出了基于混合神经网络的 Deopen 模型，Deopen 模型采用 DNA 序列自动学习到的特征与手动提取的 k 聚体频次特征相结合的模式来预测染色质开放性，体现了“特征结合”的模型设计思路，Deopen 在预测染色质开放性二值信号、预测染色质开放性连续信号等一系列实验中所表现出来的预测效果都优于当时的最优方法 Basset。在下游应用中，通过遗传突变位点附近突变前后的 DNA 序列所预测得到的染色质开放性的差异来评估突变的影响，并进一步应用到全基因组关联研究数据（GWAS）的解读中，在一组乳腺癌的 GWAS 数据中得到了有效验证。上述两个基于序列的模型设计思路是全新的且在一系列交叉验证实验中的效果优于已有方法，利用上述预测模型对遗传学数据的解释进行了有益的探索。kmerForest 的相关工作发表于生物信息学领域较为知名的学术刊物 *BMC Systems Biology*，Deopen 的相关工作则发表在生物信息学领域旗舰学术刊物 *Bioinformatics* 上。

第二部分的研究内容是对第一部分研究内容的扩展，针对仅用序列信息无法反映不同细胞系染色质开放性信号的差异问题，通过尝试引入其他类型的组学数据引入细胞特异性的信息，从而解决了传统基于序列的模型无法进行跨细胞系染色质开放性预测的局限性。提出了一种融合基因组注释及转录组数据的密集连接卷积网络模型 DeepCAGE，通过

“知识融合”的方式整合转录因子的先验信息与转录组的表达信息，从而完成跨细胞系染色质开放性的预测。在一系列细胞系交叉验证试验中，DeepCAGE 模型的表现明显优于仅基于基因组序列的方法，同时也优于已有方法 ChromDragoNN。通过不同细胞系下序列变化所带来的染色质开放性预测值的变化，建立了对基因组突变位点的评估模型，并进一步建立了基于染色质开放性解析复杂表型相关非编码区遗传因素的分析方法，成功地应用于复杂表型（如身高）的研究中。融合先验生物知识跨细胞系预测染色质开放性的思路是全新的，利用跨细胞系染色质开放性预测结果解释复杂表型相关非编码区遗传因素也为解释大规模遗传学数据提供了新的思路。DeepCAGE 模型的相关工作被生物信息学著名杂志 *Genomics，Proteomics & Bioinformatics* 接收。

第三部分研究内容则从上述的细胞群染色质开放性的研究转移到了单细胞水平的染色质开放性研究。针对单细胞染色质开放性数据具有高维度、高稀疏性等特性，首先从概率密度估计的角度对循环对抗生成式模型的理论基础进行了系统性研究，并提出了具有良好统计理论基础的通用性概率密度估计模型 Roundtrip。随后将 Roundtrip 模型进一步改造成一种非监督式的机器学习模型，从而用于单细胞染色质开放性数据的研究中。提出的 scDEC 模型具有以下三方面的优势：① 不同于现有的方法往往将单细胞降维表示与单细胞聚类分隔开来，scDEC 模型巧妙地将单细胞低维表示学习与单细胞聚类任务同时通过神经网络的建模来优化与求解。② 现有的方法往往需要利用已有的聚类模型，如 K-means、层次聚类等方法。而 scDEC 本身就可以完成聚类任务，从而不依赖任何已有的聚类方法。③ 绝大多数已有的方法针对大规模的单细胞数据处理显得无能为力，scDEC 由于其神经网络采用的批梯度更新的训练方式，使得基于神经网络的 scDEC 模型对大规模的单细胞数据集具有非常好的可扩展性。另外也证明了 scDEC 能够很容易扩展到单细胞多组学数据（单细胞染色质开放性与基因表达）的协同分析中。此研究内容可以看作理论方法创新到应用创新的一个典型示范。其中 Roundtrip 的相关工作发表于美国国家科学院院刊 *PNAS*，scDEC 的相关工作则发表于 *Nature* 旗下的机器智能子刊 *Nature Machine Intelligence*。

本书的研究内容遵循“数据融合，信息迁移”的研究范式，在机器学习与统计方法学以及生物信息应用方面均具有相应的贡献，所提出的数种生物信息学计算模型能够帮助广大研究人员对染色质开放性数据进行高效的分析与解读，从而助力基因调控原理的解析或遗传学数据的解读。部分这些模型背后的方法也具有良好的理论研究基础，且具有通用的机器学习或统计学用途。本书的整体研究思路旨在从信息学的角度解决染色质开放性数据分析与建模中所面临的重大挑战，故研究内容既在信息科学领域具有重要的理论意义，又在生物医学与临床医学上具有一定的应用价值。

1.4　本书内容安排

本书的内容安排如图 1.8 所示。

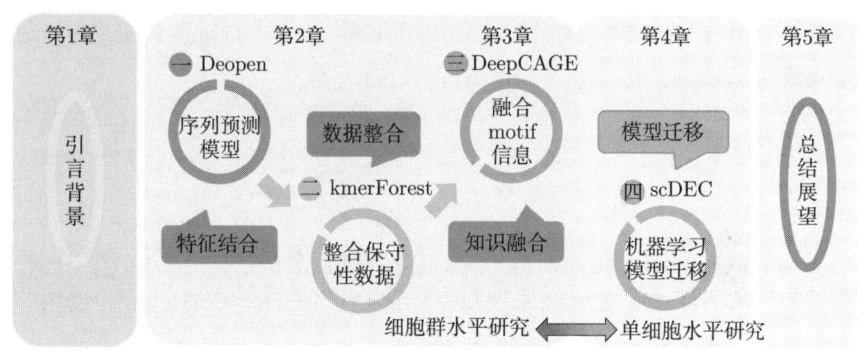

图 1.8　各章内容与联系示意图

第 1 章主要介绍研究背景、回顾研究现状及存在的局限性，概括本书的主要内容及创新点，梳理不同章节间的关系。

第 2 章主要介绍了两种基于基因组序列的细胞群染色质开放性预测方法，分别为基于随机森林的 kmerForest 模型、基于混合神经网络的 Deopen 模型，同时也分别介绍了这些方法用于解释各类遗传学数据，包括对遗传变异数据库中有害与无害的单核苷酸位点突变的区分和排序、全基因组关联研究数据（GWAS）中与特定疾病相关的突变位点的解释等。

第 3 章主要介绍了一种融合组学数据的跨细胞系染色质开放性预测方法，即基于密集连接卷积网络的 DeepCAGE 模型，该模型克服了第 2

章基于基因组序列模型的限制，通过融合基因组注释及转录组数据对染色质开放性进行跨细胞系预测。另外也介绍了该方法在全基因组测序数据（WGS）解读中的应用。

第 4 章则是将第 2 章和第 3 章中的研究扩展到了单细胞水平，主要介绍了一种针对单细胞染色质开放性分析的模型 scDEC，一方面从概率密度估计的角度对循环对抗生成式模型的理论基础进行了研究，另一方面将 scDEC 模型和已有的单细胞染色质开放性计算模型进行了对比，展示了 scDEC 模型在细胞聚类、细胞轨迹推断、簇特异性 motif 分析等任务上的优越性能，并展示了循环对抗生成式模型在单细胞数据分析上的良好性能及扩展性。

第 5 章对全书的研究工作进行了总结，并对未来的研究进行了展望。

第 2 章 ~ 第 4 章为本书的主要研究内容，并在结构上具有紧密的递进连接关系，其中第 3 章的研究内容可以看作对第 2 章研究内容的扩展和延伸，第 4 章的研究内容则将第 2 章和第 3 章中对细胞群染色质开放性的研究延伸到单细胞水平染色质开放性研究。

1.5 小　　结

本章首先介绍了相关研究背景，包括深度测序技术的发展、基因调控机制等，并由此引入本书的主题染色质开放性，并对其基本概念、测量方法进行了较为系统的介绍。然后，对现有的对染色质开放性数据的预测模型与分析方法做了较为系统的回顾，并分析了这些已有方法存在的一些局限。最后介绍了本书的主体研究内容，并阐述了每一章的具体内容以及章节间的联系。

第 2 章　基于序列信息的染色质开放性预测方法

2.1　引　　言

染色质开放性作为基因组的重要信号之一，同时也是表观遗传的重要信号之一。染色质开放性区域通常在基因组的占比很少（2%~3%），但是基因组中染色质开放性区域往往与基因调控活动密切相关。例如，染色质开放性区域包含了超过 90%的转录因子的绑定位点，仅有为数不多的几个转录因子与 DNA 结合的区域集中分布在异染色质区域[43]。转录因子在生命活动中具有非常广泛的功能作用，能为基因转录活动提供一定的动态调节，并建立了维持共同基因组在不同细胞类型下进行基因转录活动的表观遗传通道。因此，染色质开放性不仅反映了转录因子与 DNA 的绑定结合能力，也反映了转录因子在该基因区域的调控潜能。对染色质开放性的系统性研究非常有助于人们进一步了解基因调控原理、破解遗传密码，甚至解析复杂遗传疾病的发生、发展过程。

本章主要探究基于基因组序列信息的染色质开放性预测模型。由于转录因子等蛋白的绑定位点具有很强的序列模态特异性（如 motif），大量的研究工作直接建立基因组序列和染色质开放性之间的关系模型。kmer-SVM[69] 便是基于序列的 k 聚体特征对基因组中的功能区域进行预测。2014 年由 Lee 等提出的改进模型 gkm-SVM[70] 则是利用间隔的 k 聚体（k-mer）特征对基因组中的功能区域进行分类，间隔的 k 聚体特征相对于传统的 k 聚体特征具有更好的特征鲁棒性。随后当以人工神经网络（ANN）为代表的人工智能技术在计算机视觉、自然语言处理、机器人等领域获得了前所未有的突破性进展时[92]，很多研究者也将先进的人工智能算法应用到计算生物学问题上。Zhou 等在 2015 年提出了 Deepsea 模型[71]，通过构建一个神经网络框架来预测某段基因组序列对应的染色质开放性、组蛋白修饰、转录因子绑定位点等信号。Quang 等在 Deepsea 的基础上引入了递归神经网络，从而进一步提升了预测效果[72]。Basset[73] 则是专门用于通过序列特征预测不同细胞系下染色质开放性的模型。这些模型共同的特点就是输入仅仅考虑 DNA 序列特征。这种做法非常便捷，特别是当基因组序列获取的成本要远低于高通量测序实验的成本时，会导致基于序列的预测模型对实验数据的依赖性小。但缺点也非常明显，纯基于序列的模型无法学习到不同细胞系下输入特征的差异性（参考基因组在不同细胞系下是共享的），因而无法进行跨细胞系的染色质开放性预测。尽管如此，DNA 序列信息作为基因组中最重要的一类信息，研究其与染色质开放性之间的关联关系仍然显得非常必要。

本章主要介绍两种基于基因组序列信息进行染色质开放性预测的机器学习方法。这两种染色质开放性的预测均以 DNA 序列特征作为输入。比如 kmerForest 模型[93] 提出通过数据整合的手段将 k 聚体特征与多物种进化保守性信息进行有机整合。Deopen 模型[94] 则将手动提取的 k 聚体（k-mer）频次特征与神经网络自动学习到的序列特征进行有机的结合。这两种模型分别体现了“数据整合”“特征结合”的特点，为染色质开放性的预测这一重要的科学问题提供了两种解决方法。

2.2 整合序列进化保守性的随机森林预测方法

2.2.1 研究背景与动机

通过过去数十年的巨大努力，全基因组关联研究（GWAS）发现了与人类遗传性疾病或性状之间存在潜在关联的变异位点[95-96]。然而大多数这样的变异体分布在整个基因组的非编码区域[97-98]，这使得对变异位点的解释及和表型的关系研究成为一个巨大的挑战。一个普遍的共识是，变异位点的出现可能会破坏其宿主调控元件，从而导致其功能丧失，进一步导致疾病的发生与发展。根据这种理解，在非编码区中对变异位点功能的精确预测不仅对调节元件功能的解释至关重要，而且对开发用于识别因果变异位点（causal variant）的模型也至关重要。

为了实现这一目标，研究者们已经提出了计算方法来预测整个基因组水平上遗传变异位点所导致的功能性破坏作用[99-101]。例如，CADD[102] 和 GWAVA[103] 整合了许多基因组和表观基因组的注释，以在二元分类框架下预测人类基因组中所有可能的遗传变异的功能含义。另外一些方法主要关注在特定类型的调控区域（如转录因子结合位点）中发生的变异，因为研究者们发现在转录因子的结合位点中所发生的遗传变异会影响细胞表型及基因表达[104]。如 ChroMos，一个结合了遗传和表观遗传数据的用于 SNP 分类和优先排序的集成网络工具[105]。HaploReg，另一种基于量化标准转录因子结合参考基因序列与变异基因序列之间差异的工具[106]。DeepBind 是另一种通过使用深度学习模型从大量实验测序数据中识别 DNA 和 RNA 结合蛋白的序列特异性的方法[107]。

从另一个角度来看，染色质开放性是表观基因组学的重要研究对象之一。当 DNA 分子缠绕着特殊组蛋白的微观核并包装成称为染色质的纤维时，染色质的某些区域将仍然可被转录因子和其他参与基因表达的细胞蛋白访问，染色质的另外一些区域则处于任何分子都无法接近的闭合状态。将这两个染色质状态分别称为打开（可访问）和关闭（不可访问）。开放的调控区域通常与转录因子、RNA 聚合酶和其他细胞调控机制协同工作[108]。因此，染色质状态是了解细胞中信息流和调控机制的重要因素。从这个意义上讲，对染色质开放性的精确预测在研究基因组中调控变异体的功能方面具有重要意义。

通常，有两种互补的方法来研究染色质开放区域。第一种方法称为比较基因组学，它基于功能上重要的 DNA 区域所包含的核苷酸序列，通过跨不同物种的序列的进化保守性来鉴定相对区域。自然地，保守的非编码序列是可能的染色质开放区域。许多相关方法已经成功用于检测调控区域[109-111]。但是，序列的保守性信息所传达的信息有限，忽略了不同细胞环境中的时空特异性，这些基于保守性的方法仍存在一些局限性。因此，有必要合并其他信息。更重要的是，一些研究表明，缺乏保守性的非编码序列可能仍包含功能性调控元件[112-113]。第二种方法称为功能基因组学方法，它是一种实验驱动的方法，利用微阵列杂交或深度测序技术，并通常与针对特定转录因子[114]、共激活子[115-116] 的染色质免疫沉淀相结合。

在本章中，提出了一种名为 kmerForest 的计算方法来一方面预测染色质开放性，另一方面利用预测结果应用于遗传变异位点的影响评估上。kmerForest 使用 k 聚体计数作为特征，并使用随机森林方法[117] 作为分类器。所提出的 kmerForest 方法从二分类的角度出发，应用随机森林模型学习染色质开放性区域的序列特征，同时，通过整合序列进化保守性信息来进一步提升模型性能。另外，通过设计一种基于随机置换实验策略（permutation）的方法来评估单个 k 聚体元素的贡献，并根据 k 聚体的贡献来确定其优先级。最后，使用 k 聚体特征重要性来区分单核苷酸变异位点并评估单核苷酸多态性（SNP）的影响。在一系列实验中，所提出的 kmerForest 方法在各种细胞系中的表现均优于现有的最先进方法 kmer-SVM[69]，对单核苷酸多态性的评估效果也优于已有方法。

2.2.2 基于随机森林的 kmerForest 模型

1. *k* 聚体特征

k 聚体是用于描述核苷酸的一种常见序列特征，在序列比对等任务中被广泛使用[118]。k 聚体是指序列中包含的长度为 k 的所有可能的子序列。对于长度为 L 的 DNA 序列，k 聚体的总量由 $L-k+1$ 来计算，而每个核苷酸位置具有四个可能性 A，C，G 及 T。如果用 0、1、2、3 分别编码 A，C，G 和 T，可以轻松地从每个 DNA 序列中获得一个特征向量，其大小为 4^k，表示为 $\boldsymbol{f}_s=(x_1^s,x_2^s,\cdots,x_n^s)^{\mathrm{T}}$。通常，在 DNA 序列的情况下，$k$ 被设置为 $4\sim10$。但是，当 k 增大时，尺寸将以指数速度增大，可能会陷入维度灾难。例如，当 $k=10$ 时，维数将超过一百万。若计算量过大，可以利用并行计算的程序[119] 来快速计算 DNA 序列的 k 聚体特征。

2. 随机森林

随机森林是一种用于分类及回归的集成机器学习算法，它是由大量独立且无剪枝的决策树构成的[117]。输出将综合考虑每个决策树的预测结果并做出最终决策。随机森林算法很好地应用了“装袋”（Bagging）思想并在特征的随机选择中提出了“随机判别”方法，这意味着一个样本可以被选择多次。这些策略可以有效降低过拟合的风险。随机森林作为一种广泛使用的机器学习方法已成功应用于许多生物信息学问题，包括基因选择和分类[120]、DNA 结合蛋白的鉴定[121-122] 和致病性 SNP 的检测[123-124]。

3. k 聚体与进化保守性信息结合

从 UCSC 基因组浏览器[125] 数据库中收集了 100 种哺乳动物的多序列比对（MSA）数据。这些物种比对数据蕴含了序列进化保守性信息，通常而言，越保守的序列在不同物种中具有更高的一致性。随后，计算出人类及其他物种出现核苷酸的频率 fre。序列样本的原始特征 $\boldsymbol{f}_s = (x_1^s, x_2^s, \cdots, x_n^s)^{\mathrm{T}}$ 则可以表示为

$$\boldsymbol{f}_{s^*} = (x_1^{s^*}, x_2^{s^*}, \cdots, x_n^{s^*})^{\mathrm{T}} \tag{2.1}$$

其中，$x_i^{s^*} = \frac{1}{k}\sum_{j=1}^{x_i^s}\sum_{q=1}^{k}\mathrm{fre}_{q,j}$。注意，$x_i^{s^*} \leqslant x_i^s$，当且仅当 $1 \leqslant q \leqslant k$ 并且 $1 \leqslant j \leqslant x_i^s$ 均有 $\mathrm{fre}_{q,j} = 1$ 时，才会有 $x_i^{s^*} = x_i^s$。新的公式 (2.1) 不仅考虑了 k 聚体频率，而且考虑了相关序列的进化保守性，这使得模型能学习到更好的序列特征，从而在区分染色质开放区域时更有效。

4. k 聚体重要性分数

本研究提出了一套基于随机置换实验策略（permutation）对不同 k 聚体的打分策略，核心思路是通过计算特征置换后的均值下降精度（mean decreased accuracy，MDA）。在具体的计算过程中，对于某个 k 聚体频次特征进行随机打乱，然后利用随机森林对“袋外”数据（OOB data）进行分类，从而估计分类正确率下降的情况。如果 MDA 越大，说明对应的特征越重要。鉴于 MDA 算法由于 k 聚体稀疏特征而具有巨大的维数，这将消耗大量时间进行计算，因此策略是将每个样本的特征以 libSVM 的稀疏格式存储[126]，以减少内存需求。此外，由于每个决策树都是相对独立的，因此在计算程序中使用 OpenMP 库[127] 对程序进行并行化计算。这种策略可以充分利用计算资源，可以在很大程度上帮助加速算法。

2.2.3　kmerForest 模型准确预测染色质开放性

1. 数据来源

从 ENCODE 数据库[7] 中收集了 210 个跨越不同人类细胞系的 DNase-seq 数据集。这些实验是在正常细胞系和癌细胞系等不同系统和组织上进行的。此外，从 UCSC 基因组浏览器中收集了 100 个哺乳动物的多序列比对（MSA）数据[125] 以获取序列进化保守性信息。另外，从

HGMD 数据库中收集了 2977 个病原性 SNP[128]，从 1000 基因组计划中收集了 701 984 个正常 SNP[129]，以及乳腺癌的相关变异集（AVS）[130]。

2. kmerForest 模型概况

所提出的 kmerForest 方法是一种机器学习模型，旨在区分可访问的染色质区域并确定 k 聚体特征的优先级。如图 2.1 所示。在第一步中，使用从 DNase-seq 数据中提取的峰值区域（peak regions）作为正样本以及从基因组中随机获取的序列作为负样本来训练随机森林模型。然后，经过训练的模型将经过某一维特征随机打乱后的袋外（OOB）数据进行分类，从而获得每个 k 聚体的平均降低准确度（MDA）得分。通常，当将袋外数据的某一维进行随机打乱后，平均降低准确度（MDA）的下降表明相关 k 聚体的重要性。因此，利用 MDA 得分可以看作建立了特征重要性的量化模型。最后，通过对所有 k 聚体的 MDA 得分进行排序来确定其优先级，从而获得 k 聚体的重要性，该重要性将在下一阶段用于评估 SNP。在第二阶段，使用计算出的 MDA 分数，通过考虑受 SNP 发生影响的 k 聚体来评估单核苷酸多态性（SNP）的影响。注意，SNP 将仅引起该位置相邻的 k 聚体的改变，并且对 SNP 的评估是所有受影响的近邻 k 聚体的累积变化得分。为了全面评估 kmerForest 模型的有效性，通过设计一系列实验，以验证该模型与现有方法相比的优势。

3. kmerForest 在染色质开放性预测性能上超过已有方法

首先，从二值分类的角度考虑了来自不同细胞系的 DNase-seq 数据，将染色质状态视为开放或封闭状态，并通过从 DNase-seq 信号的峰值区域中提取假定的开放区域来获得正样本。直接采样来自整个基因组的随机背景基因组序列作为负样本。当将 kmerForest 分类器与朴素贝叶斯分类器及 kmer-SVM[69] 进行比较时，在所有实验中，kmerForst 和 Kmer-SVM 始终比基线朴素贝叶斯分类器表现出更好的性能。更重要的是，在 210 个不同细胞系实验中的 189 个中，kmerForest 可以获得比 Kmer-SVM 更高的 AUC 指标。在图 2.2（a）和（c）中列出了两种代表性细胞系 GM12878 和 K562。考虑到输入相同的 k 聚体特征，在 90%的细胞系实验中，所提出的模型可以获得比其他两种方法更好的性能。特别地，当放大 ROC 曲线时，发现当假阳性率相对较小时，所提出的模型表现出显著更高的真阳性率。图 2.2（e）显示了在 210 个不同细胞系实验下的 AUC 和 auPR（PR 曲线下的面积）的分布。与其他两个模型相比，容易观察到 kmerForest 模型具有明显更高的性能。

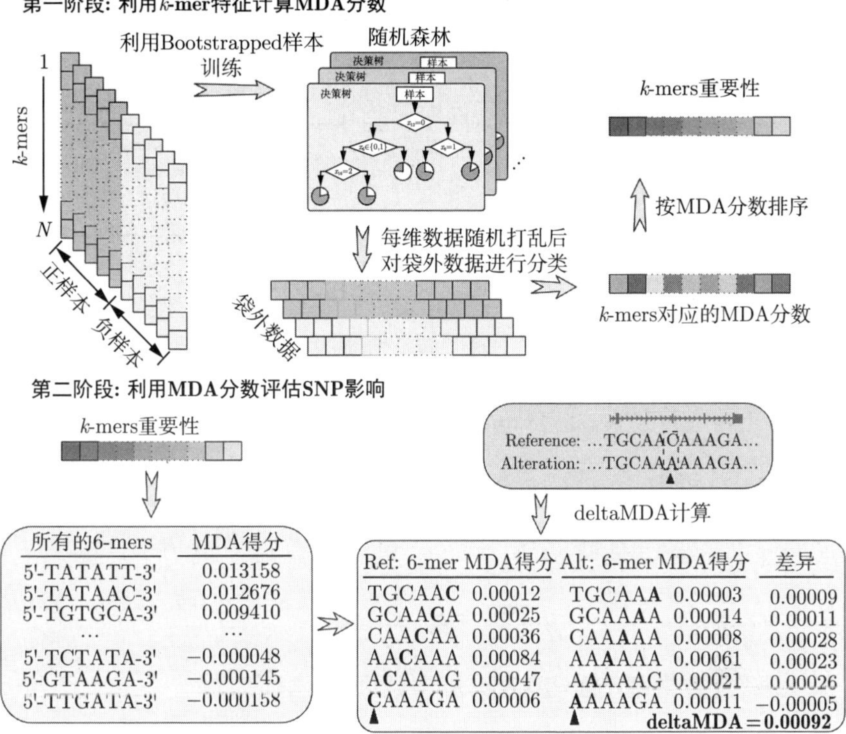

图 2.1　kmerForest 模型概况

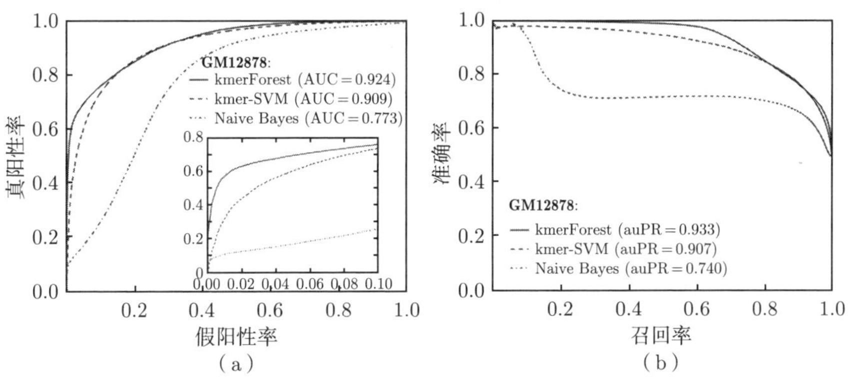

图 2.2　kmerForest 在分类实验中的性能

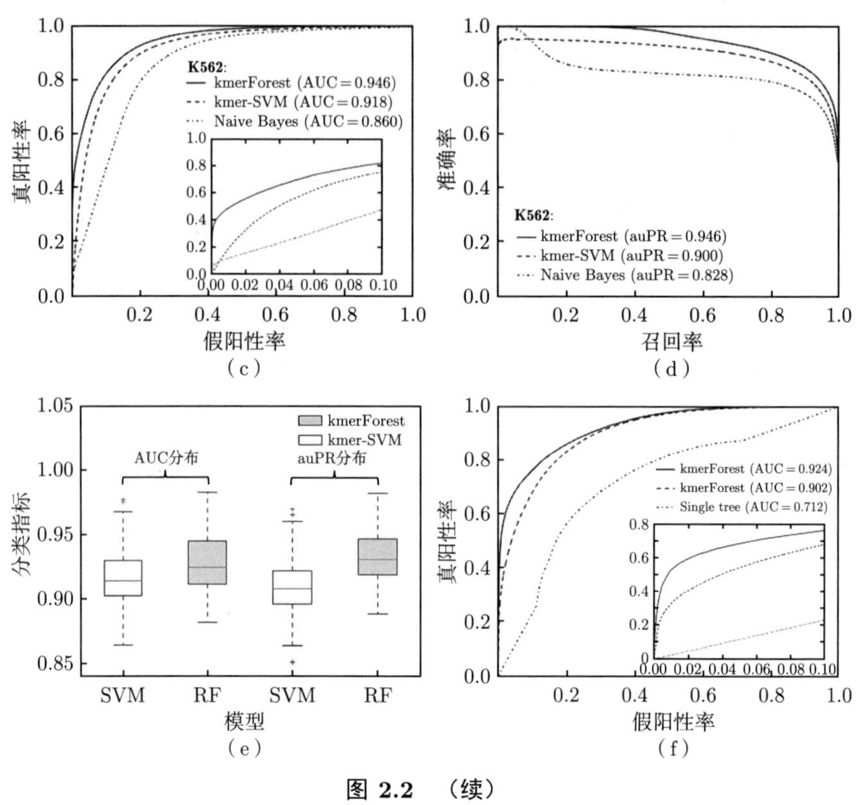

图 2.2　（续）

4. 整合进化保守性信息提升模型效果

为了进一步改善 kmerForest 分类器的性能，通过整合多物种序列比对（MSA）的信息从而考虑了序列的进化保守性。具有强进化保守性的序列理论上具有更高的开放性。由于染色质开放区域往往比染色质闭合区域具有更强的保守性。基于上述内容，从 UCSC 基因组浏览器中收集了 100 种哺乳动物的多序列比对数据。然后，将 k 聚体特征与来自多个序列比对（MSA）的序列保守性信息结合起来，形成了一个名为 kmsaForest 的新分类器（请参见方法）。新的模型不仅考虑序列中的 k 聚体出现频次，而且考虑了序列的进化保守性信息。随后设计了一系列实验，在结合保守性信息后可以看到模型效果有明显的改善。在 210 个不同的细胞系实验中，与原始 kmerForest 模型相比，kmsaForest 分类器可以有效地将 AUC 平均提高 1%~2%。细胞系 H1-hESC 的代表性实验如图 2.2

(f) 所示，其中单个决策树的性能作为基础的比较方法 (baseline)。整合多序列比对 (MSA) 信息后，新的分类器 kmsaForest 可以实现更好的性能，这意味着序列进化保守性信息可以为推断染色质状态提供额外的信息。

2.2.4 利用 kmerForest 模型促进遗传变异数据的解释

1. kmerForest 有效区分病原性 SNPs 和良性 SNPs

基于性能良好的随机森林分类器，构建了 kmerForest 模型，并根据所有 k 聚体 s 的 MDA 得分获得重要性。然后，利用 k 聚体重要性评估 SNP 的影响。并进一步从 HGMD 数据库[128] 中收集了 2977 个病原性 (pathogenic) SNP 作为正样本，从 1000 基因组计划[129] 中收集了 701 984 个良性 (benign) SNPs，最后，从这些数据库中标记为良性 SNPs 的 SNPs 中随机选择 3000 个作为负样本。请注意，所选择的是位于基因组调控区域中的 SNPs，因此，致病性 SNPs 则被视为可能引起调控过程的破坏。随后使用 kmerForest 模型根据其平均 MDA 分数来区分 SNPs，如图 2.3 所示。在 ENCODE 项目中收集了 210 个不同细胞系的 DNase-seq 数据，因此分别在 210 个数据集中训练了 kmerForest 模型。为了计算每个细胞系实验中所有病原性和良性 SNP 的平均 MDA 分数。在图 2.3 (a) 中可以观察到两种 SNPs 所对应 MDA 分数有着显著不同的分布。病原性 SNP 的平均 MDA 分数明显高于良性 SNP，表明当突变发生在功能基因组序列中时，调节元件有可能受到破坏。将所提出的模型与 kmer-SVM[69] 进行比较。具体而言，使用 SVM 权重作为每个 k 聚体特征的评估，然后以与 kmerForest 相同的方式计算每个 SNP 的得分从而形成 Delta-SVM 模型。与所提出的 kmerForest 模型相比，当对两种类型的 SNP 执行二值分类时，所提出的方法可以实现比 Delta-SVM 更好的性能。ROC 和 PR 曲线分别显示在图 2.3 (b) 和 (c) 中，所提出的模型的 AUC 值超过 Delta-SVM 模型约 5%，在 PR 曲线中也可以观察到这种优势。总之，在评估 SNP 时，与 Delta-SVM 模型相比，所提出的 Delta-MDA 模型可以更好地区分两种 SNPs，这表明所提出的模型可以更准确地估算 SNP 的影响。这种基因组突变评估模型可以进一步帮助预测基因组调控区域发生的突变可能带来的影响。

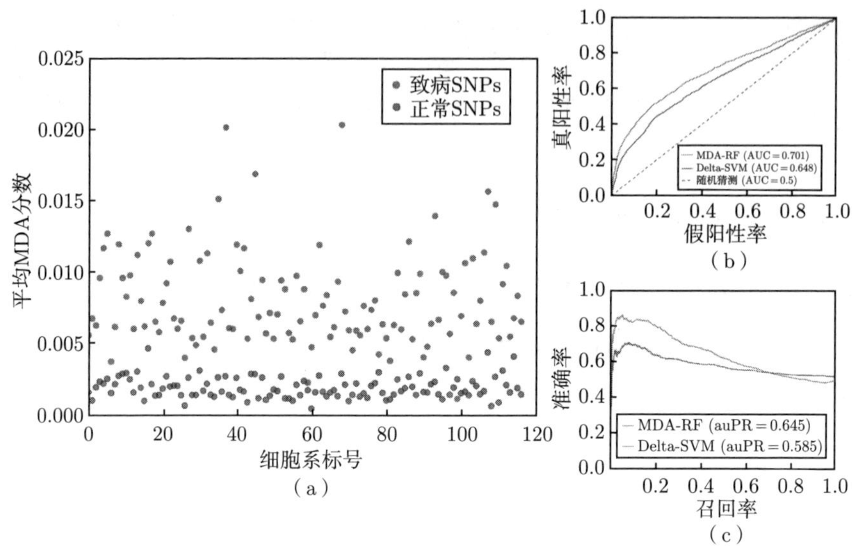

图 2.3 kmerForest 区分病原性 SNPs 和良性 SNPs

2. kmerForest 在乳腺癌 GWAS 数据中的应用

为了进一步证明 kmerForest 模型的有效性，将所提出的模型应用于 GWAS 数据分析。一种疾病通常与 GWAS 中的多个 SNPs 相关联。SNPs 在疾病的发展中倾向于具有内部关联机制。首先从先前的研究中收集了乳腺癌相关变异集（AVS）[130]。简而言之，该数据集由从 GWAS 中发现的 44 个与乳腺癌相关的 SNPs 及在 GWAS 中未发现但与 44 个 SNPs 具有很强的连锁不平衡性（linkage disequilibrium，LD）的其他 1315 个 SNPs 组成。先前的研究表明，与乳腺癌相关的 SNP 在 FOXA1 转录因子的结合位点上比较富集，这对于染色质开放性和核小体定位至关重要[131-132]。在与乳腺癌相关的所有 SNPs 中，rs4784227 是一个与乳腺癌高度相关的 SNP，它会破坏 FOXA1 与开放染色质的结合[130,132]。在 ENCODE 项目中使用乳腺癌细胞系 MCF-7 的 DNase-seq 数据训练了 kmerForest 和 Delta-SVM[69]，然后使用两个模型来评估 rs4784227 及与其有着强 LD 关系的 3 个 SNPs（rs3803662，rs17271951，rs3095604）。如图 2.4（a）所示，所提出的方法可以正确预测 rs4784227 的影响而 Delta-SVM 失败了。接下来，使用所提出的模型评估 AVS 数据中收集到的正负样本的 SNPs，容易发现与乳腺癌相关的 44 个 SNPs 的 MDA 评分明显更高（图 2.4

(b))。根据所提出的模型评估的 MDA 分数，可以对与乳腺癌相关的 SNPs 的危险性进行合理的评估。

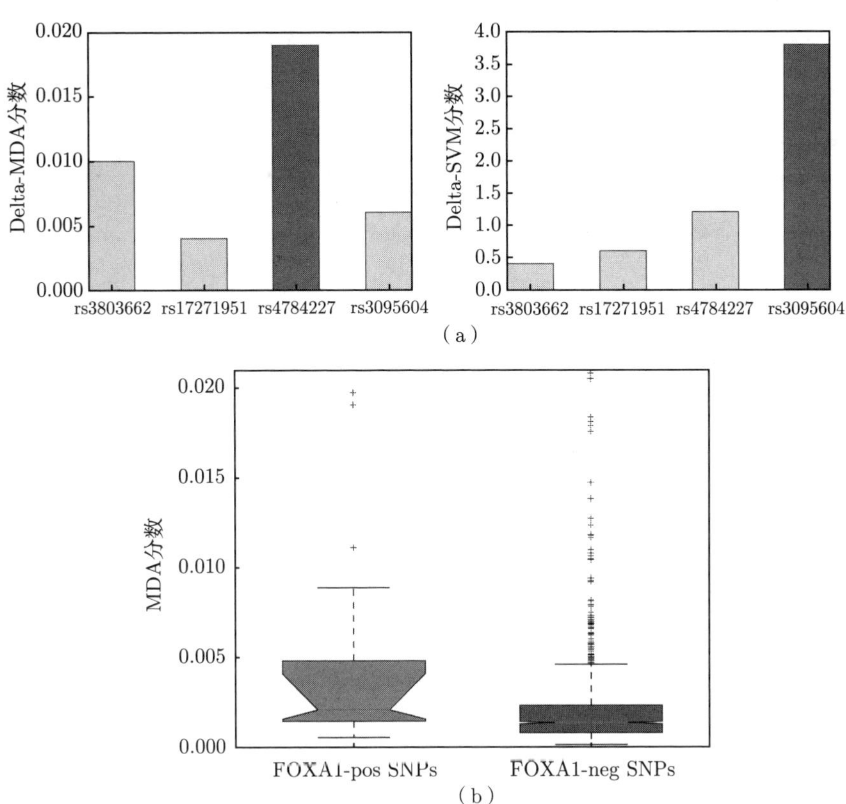

图 2.4 kmerForest 对乳腺癌相关的 SNPs 进行优先级排序

2.2.5 分析与小结

在这项研究中，主要提出了 kmerForest 模型，并表明所提出的方法可以根据 k 聚体特征精确预测序列的染色质开放性，而无需任何先验知识。仅使用一般基因组序列信息，所提出的方法优于已有的方法。kmerForest 模型可以有效地帮助人们从纯基因组环境中区分染色质区域的状态。通过所提出的方法鉴定的染色质开放区域的序列更有可能是有功能的调控元件。组合模型 kmsaForest 不仅考虑了 k 聚体频率，还考虑了多物种序列比对所蕴含的进化保守性信息，从而进一步提升了模型的性能。基于上述内容，进一步开发了一种用于评估 SNP 的应用策略，通过确定所有 k 聚体的优先级并计算 MDA 分数，人们可以对疾病相关的 SNPs 影响性进行定量评估。一系列实验表明，与以前的研究相比，所提出的方法框架可以更好地区分病原性 SNPs 与良性 SNPs。因此，建立这样一种定量模型以评估变异对调控基因组区域的影响及解释对了解遗传病发生机理具有重要意义。

另外，我们意识到有很多方面可以进一步改进模型。首先，所提出的方法主要是通过建立有效的模型来评估 k 聚体对疾病的影响。然而，可能会忽略 k 聚体的空间效应及多个变异位点之间的关联性。此外，当核苷酸的缺失或插入发生时变异的评估可能是不准确的。为了建立更准确、合理的模型，可将更多因素考虑在内。仅举几例，gkm-SVM[70] 使用有间隔的 k 聚体作为输入特征，该特征考虑了基因组中的错配。GERV[133] 建立了一个统计模型，将 ChIP-seq 和 DNase-seq 数据组合在一起，以评估转录因子绑定位点的调控变异。DeepSEA[71] 构建了一个深度学习框架，以预测非编码区域突变的影响。由于输入数据的不同，很难将这些方法与本书所提出的方法进行比较。进一步考虑我们的方法，可以将其进一步推广，以评估调控区域变异对转录因子结合位点（TFBS）、eQTL、组蛋白标记、DNase I 超敏位点（DHS）的影响。例如，可以进一步结合 SNP 和基因表达数据将模型应用于 eQTL 分析，并找出哪些 SNP 更像是 eQTL。

2.3 结合 k 聚体特征的混合卷积神经网络预测方法

2.3.1 研究背景与动机

在过去的十多年中，全基因组关联研究（GWAS）提供了有关复杂性状和常见疾病的遗传基础的全基因组概况[95-96]。然而，由于真核基因表达机制复杂，尤其是对非编码 DNA 的不完全理解，建立准确的模型来解释遗传变异位点的功能和特性仍然是一项具有挑战的任务[104]。基因组功能元件的系统注释可以帮助人们了解与疾病统计相关的遗传信号的调控机制[134]。有的观点认为，遗传变异的发生可能会导致其宿主调控元件的破坏，从而导致疾病的发展[135]。因此，对调控机制的深刻认识与系统性的理解直接阻碍精确医学和个性化医疗的发展。

基因组中的染色质开放区域通常与转录因子（TF）、RNA 聚合酶和其他蛋白分子共同调节基因表达[108]。同时，与疾病相关的遗传变异更加倾向于分布在染色质开放性区域，使得对 DNA 序列特性与染色质开放性的关系破译对于研究遗传变异的功能意义至关重要。染色质开放性的鉴定可以追溯到基于不同物种间序列进化保守性比较的一类方法[69]。但是，序列进化保守性信息有限这一事实损害了这些方法的准确性，并限制了它们的应用。DNase-seq、MNase-seq 和 ATAC-seq 等高通量测序技术的发展，使得跨不同细胞系的大量染色质开放性图谱得以积累。给定染色质开放图谱作为训练数据，机器学习模型可以从基因组序列有效预测染色质开放性状态、转录因子结合位点（TFBS）、组蛋白标记和 DNA 甲基化等任务[70,93,102,136-137]。一种强大的预测方法可以帮助人们用单核苷酸位点的敏感性来注释遗传变异的影响，尤其是对于功能含义仍未知的稀有变异。

在过去的十多年中，具有多层结构的人工神经网络在许多领域取得了前所未有的性能，包括但不限于计算机视觉[138] 和自然语言处理[139]。深度学习模型在预测蛋白质结合位点、组蛋白标记和染色质开放性方面取得了巨大成功[71-73,107]。这些模型的成功启发大家建立这样的深度神经网络预测模型可以帮助人们剖析基因组的调控机理，从而改善对功能基因组功能位点的解释。

在本书中，主要提出了 Deopen 模型，该计算模型应用混合深度卷积神经网络（CNN）来学习 DNA 序列特征并预测整个基因组水平上的染色质开放性。Deopen 模型将传统的 k 聚体特征及神经网络自动学习到的序列特征做了有机结合，从而达到了更好的预测效果。通过系统性实验，证明 Deopen 不仅在染色质开放性分类问题上达到了最优的性能，还能成功地恢复输入序列所对应的染色质开放程度，首次从回归实验的角度利用序列来预测染色质开放性的连续信号。为了使 Deopen 更加易于理解，进一步提出了一种策略，以可视化由所提出的模型自动学习到的序列特征，并在 JASPAR 数据库中成功找到它们的对应序列模态。Deopen 作为一种学习 DNA 调控密码的有效预测模型，可以为人们对基因调控机制的理解和人类复杂疾病遗传基础的破译提供一定的启发。

2.3.2 基于混合神经网络的 Deopen 模型

1. 数据收集与预处理

为了学习确定开放区域与闭合区域的染色质 DNA 序列特性，从 ENCODE 项目[7] 中随机选择了 50 个 DNase-seq 实验。考虑到一个实验可能有一个或多个重复性实验（replicates），所以合并了与实验相对应的不同重复实验的所有测序读数，并应用了工具 Hotspot[46]，提取 FDR 为 0.01 的推定开放区域。从合并的数据可以观察到细胞类型的特异性，因为不同细胞类型的开放区域的覆盖率在 4.6%～19.8%，这从直觉上启发了我们应该建立细胞类型特异性模型。进一步预处理数据，从每个 DNase I 超敏位点（DHS）的 hg19 参考基因组每个开放区域的中点提取 1000 bp 长度的序列，形成训练正样本。负样本的采集则是来自几种不同的策略，包括从 hg19 参考基因组的背景序列中随机选择、去除背景序列的 CpG 偏差等。在分类和回归实验中，由于比较方法 gkm-SVM[70] 的可扩展性有限，每个细胞系的原始数据集会随机下采样至 100 k 个位点。然后，将所得数据的 90%用于训练，其余 10%用于测试。所有评估和分析均在测试集上进行。

2. Deopen 模型设计

Deopen 由深度卷积神经网络（CNN）和三层前馈网络组成（图 2.5）。深度 CNN 包括卷积层、最大池化层、全连接层等不同类型操作，其中卷积层和池化层在提取不同空间比例的输入特征起到了关键作用。三层前馈网络则用来处理 k 聚体特征。进一步将上述两个网络的输出连接起来，以形成混合特征向量，作为完全连接层的输入。Deopen 的输出层由 softmax 分类器组成，该分类器可以估计染色质开放的概率。Deopen 不仅考虑序列模式之间的空间相互作用和方向，还考虑了 k 聚体的频次表示。在 Deopen 的实现中，预先计算了输入 DNA 序列的单热矩阵和 k 聚体特征，然后将所有输入构成一个矩阵，便于模型训练。此外，使用 Dropout 技术[140] 在完全连接层中随机置零一半单元。另外，通过引入一种策略来更好地初始化卷积核的权重。简而言之，首先生成具有相同架构的五个模型，并随机初始化具有不同权重的每个模型。然后，分别为每个模型训练三个周期，以获得对这些模型的粗略评估。最后，在内部验证中选择性能最优的模型，并以该模型为起点进行训练。

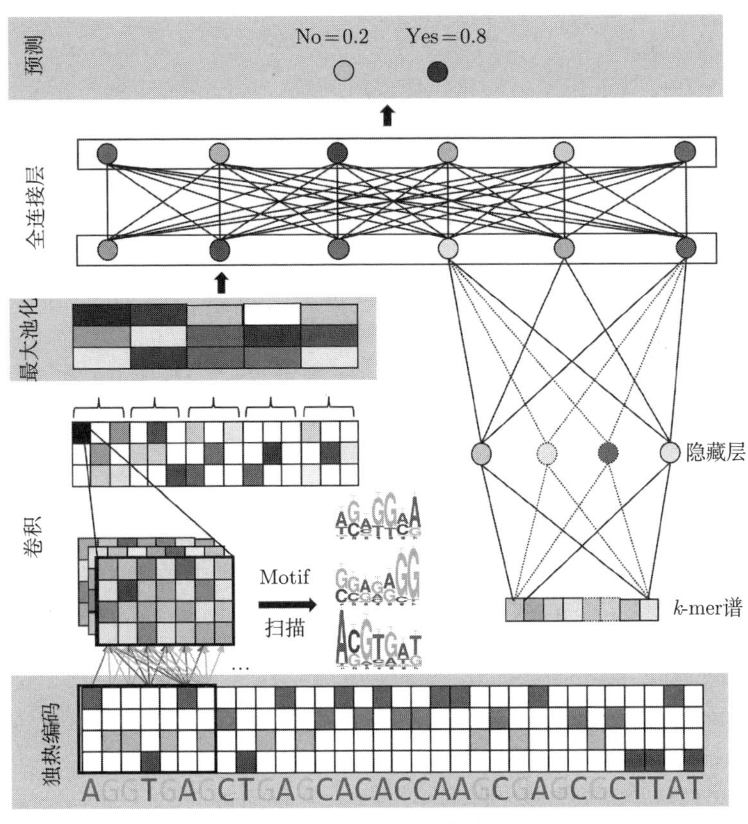

图 2.5　Deopen 模型概况

卷积操作在 CNN 中可以表示为

$$\mathrm{Conv}(\boldsymbol{X}_{ik}) = \mathrm{ReLu}\left(\sum_{m=0}^{M-1}\sum_{n=0}^{N-1} w_{m,n}^{k} x_{i+m,n}\right) \tag{2.2}$$

其中，$\boldsymbol{X}$ 为与卷积核作用的输入，第 k 个卷积核的权重为 $\boldsymbol{W}^k = (w_{m,n}^k x_{i+m,n})_{M\times N}$。对于第一层卷积层来说，$N$ 被设置为 4，对应了 A，C，G，T 四种碱基。ReLu(·) 函数则表示单位激活函数，它的特点是保持正值并将负值置零。

$$\text{ReLu}(x) = \begin{cases} x, & x > 0 \\ 0, & x \leqslant 0 \end{cases} \tag{2.3}$$

通过最大池化操作，每个内核会计算相邻位置窗口中的最大值，以减小输出大小并做特征集成。池化操作表示为

$$\text{Pooling}(\boldsymbol{X})_{i,k} = \max(x_{iM,k}, x_{iM+1,k}, \cdots, x_{iM+M-1,k}) \tag{2.4}$$

全连接层整合了 DNA 序列的高级特征，并将这些特征转换为固定尺寸的空间。输出层使用 softmax 回归估计可访问概率。然后可以将 Deopen 分类模型的解决方案视为具有目标函数的优化问题，优化函数 loss 可表示为

$$\text{loss} = \frac{1}{n}\sum_{i=1}^{n}\text{CE}(y_i, \hat{y}_i) \tag{2.5}$$

其中，y_i 与 $\hat{y}_i$ 分别代表第 i 个样本的真实标签与预测标签，n 为样本数量。$\text{CE}(\cdot)$ 为交叉熵，表示为 $\text{CE}(y_i, \hat{y}_i) = -y_i\log(\hat{y}_i) - (1-y_i)\log(1-\hat{y}_i)$。在实际训练中使用 Adam 优化器[141] 来更新神经网络参数。

对于 Deopen 回归模型而言，定义开放程度（openness）来取代二值标签，开放程度定义为

$$\text{openness}(S_i) = \frac{1}{L}\sum_{j=1}^{L} r_{i,j} \tag{2.6}$$

其中，L 为样本区域的长度（默认设置为 1000 bp），$r_{i,j}$ 则是在该区域 S_i 的总 reads 数目。Deopen 回归模型的神经网络与分类网络有两个主要区别。第一，输出层直接应用线性变换来取代 softmax 函数。第二，将均方误差（MSE）用作损失函数取代交叉熵。在 Linux 平台上使用 Theano 框架[142] 实现上述模型。所有实验都是在配备 4 个 Nvidia K80 GPU 的工作站上进行的，与在 CPU 上进行训练相比，这大大加快了训练过程。

3. 基线模型

在分类中使用了两个基线模型：Basset[73] 和 gkm-SVM[70]。首先，从网站（https://github.com/davek44/Basset）下载 Basset，这是一种用于

预测基因组开放性的神经网络方法。其次，从网站（https://github.com/Dongwon-Lee/lsgkm）下载 gkm-SVM。两种方法均使用默认参数。

采用 Scikit-learn 库[143] 中的三个回归模型（线性回归、岭回归、Lasso 回归），使用默认参数。由于这些方法无法从 DNA 序列中自动学习特征，因此将 openness 值与手动提取的 k 聚体特征进行合并，其中 k 从 6 到 10 中选择性能最高的参数。

2.3.3　Deopen 准确预测染色质开放性二值状态

首先设计了一系列实验，从二进制分类的角度系统地评估了 Deopen 在预测染色质开放区域方面的性能。为了这个目标，从 ENCODE 项目中随机选择了 50 个细胞系，对每个细胞分别训练了 Deopen、Basset 和 gkm-SVM。然后根据两个标准评估这些方法：接受者操作特征曲线下面积（AUC）和准确率-召回率曲线下面积（auPR）。

分析实验结果，Deopen 在三种方法中具有最高的性能，在所有 50 个细胞系中的平均 AUC 为 0.906，而 Basset 为 0.869，gkm-SVM 为 0.852。图 2.6 显示了 Deopen 与 Basset 在 50 个不同细胞系下的 AUC 分布情况，Deopen 在每个细胞系中的表现均优于 Basset。Mann-Whitney 单边检验的 p 值为 1.21×10^{-8}。

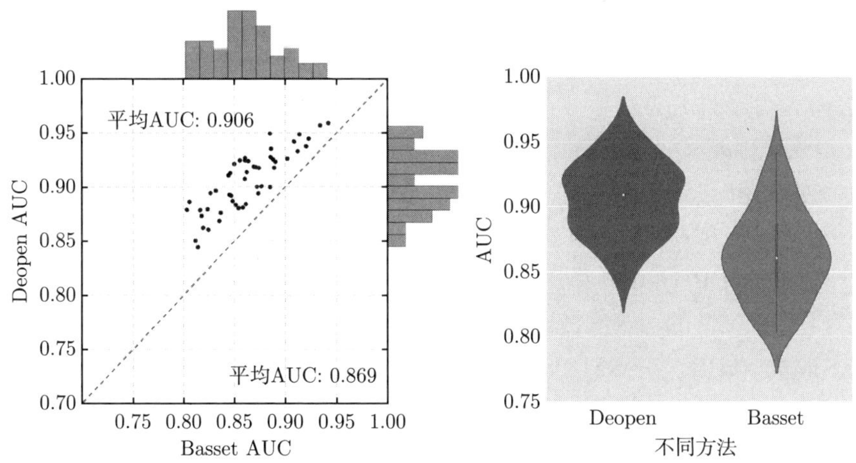

图 2.6　Deopen 与 Basset 的分类性能比较

选取九种常见细胞系，并在图 2.7（a）中展示了九种常见细胞系中的 ROC 曲线及对应的曲线下面积，如在细胞系 H7-hESC 中，Deopen 取得了高达 0.959 的 AUC，而 Basset 及 gkm-SVM 分别取得了 0.942 与 0.918 的 AUC。在细胞系 H1-hESC 中，Deopen 取得了高达 0.938 的 AUC，而 Basset 及 gkm-SVM 分别取得了 0.920 与 0.893 的 AUC。在 MCF-7 细胞系中，Deopen 取得了高达 0.926 的 AUC，而 Basset 及 gkm-SVM 分别取得了 0.902 与 0.878 的 AUC。在 HepG2 细胞系中，Deopen 取得了高达 0.945 的 AUC，而 Basset 及 gkm-SVM 分别取得了 0.923 与 0.894 的 AUC。在 LNCaP 细胞系中，Deopen 取得了高达 0.880 的 AUC，而 Basset 及 gkm-SVM 分别取得了 0.854 与 0.854 的 AUC。在细胞系 K562 中，Deopen 取得了高达 0.900 的 AUC，而 Basset 及 gkm-SVM 分别取得了 0.885 与 0.852 的 AUC。在 8988T 细胞系中，Deopen 取得了高达 0.918 的 AUC，而 Basset 及 gkm-SVM 分别取得了 0.889 与 0.893 的 AUC。在 GM12878 细胞系中，Deopen 取得了高达 0.868 的 AUC，而 Basset 及 gkm-SVM 分别取得了 0.835 与 0.830 的 AUC。在 HeLa-S3 细胞系中，Deopen 的 AUC 只有 0.844，但是仍然高于 Basset 的 0.814 及 gkm-SVM 的 0.801。这也体现了不同细胞系下预测结果的动态性。总体来看，Deopen 的神经网络模型效果要略优于 Basset，而同为神经网络模型的 Basset 又比基于传统机器学习方法 SVM 的 gkm-SVM 模型效果好很多。也注意到当设定假阳性率（FPR）为 0.1 时，Deopen 的平均真阳性率（TPR）为 0.489，相对于 Basset 为 0.413 和 gkm-SVM 为 0.437 具有较为明显的优势。

另外，也注意到 Deopen（0.899）的平均 auPR 也超过了 Basset（0.863）和 gkm-SVM（0.851）。图 2.7（b）则展示了九种常见细胞系所对应的 PR 曲线及对应的曲线下面积。在九种常见的细胞系中，Deopen 的 auPR 在 0.814~0.948。比如在常见的细胞系 K562 下，Deopen 取得了 0.885 的 auPR，而 Basset 及 gkm-SVM 分别取得了 0.877 与 0.835 的 auPR，在 GM12878 数据集上，Deopen 取得了 0.846 的 auPR，同样要高于仅仅取得了 0.824 的 Basset。结合在接收者操作特征曲线下面积（AUC）的表现结果，又提供了另外一个角度（Precision-Recall 曲线下面积）来证明我们的方法优于现有的方法。

此外，考虑到染色质开放区域仅占人类基因组的一小部分，随后在不平衡数据集上进行了上述比较实验，在具体的实验设置中，将正负样本比例设置为 1∶10，在如此不平衡的数据集上，Deopen 取得了平均 AUC 为 0.954 而 Basset 仅有 0.935，在不平衡数据集下 F1 得分是更加合理的一种评价指标，在该指标上，Deopen 取得了 0.678 的平均结果，显著高于 Basset 所取得的 0.498（表 2.1）。这显示了 Deopen 对于不平衡样本也具有极好的区分能力。

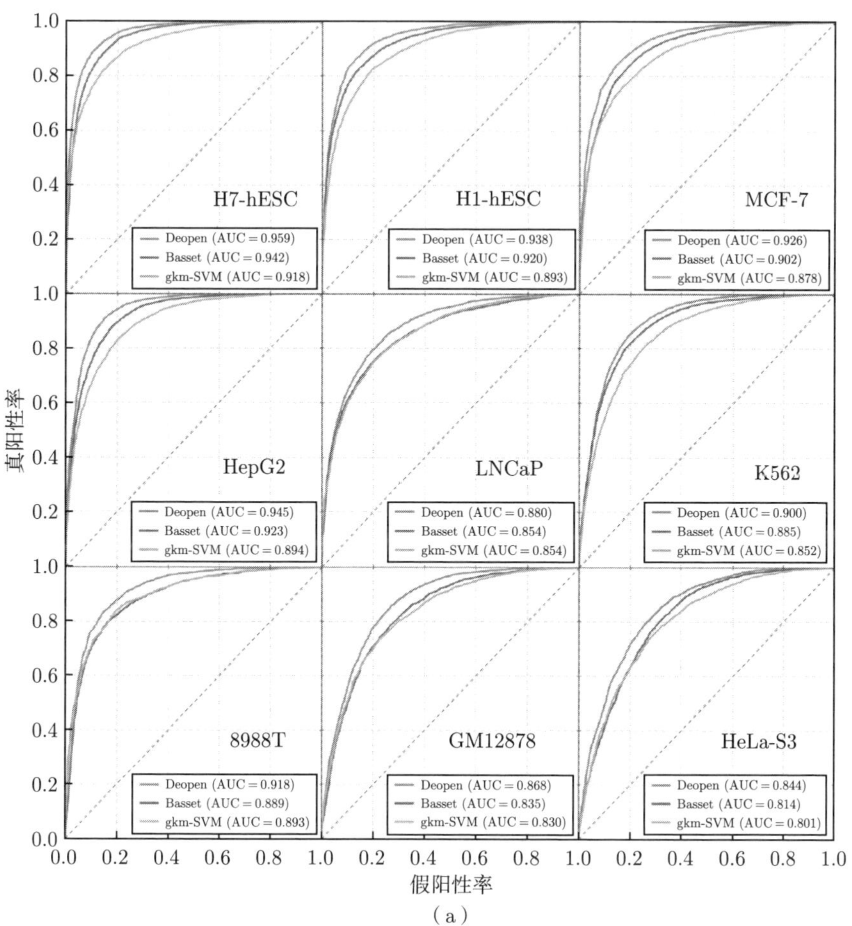

（a）

图 2.7　Deopen 在九个细胞系下分类实验表现性能（见文前彩图）

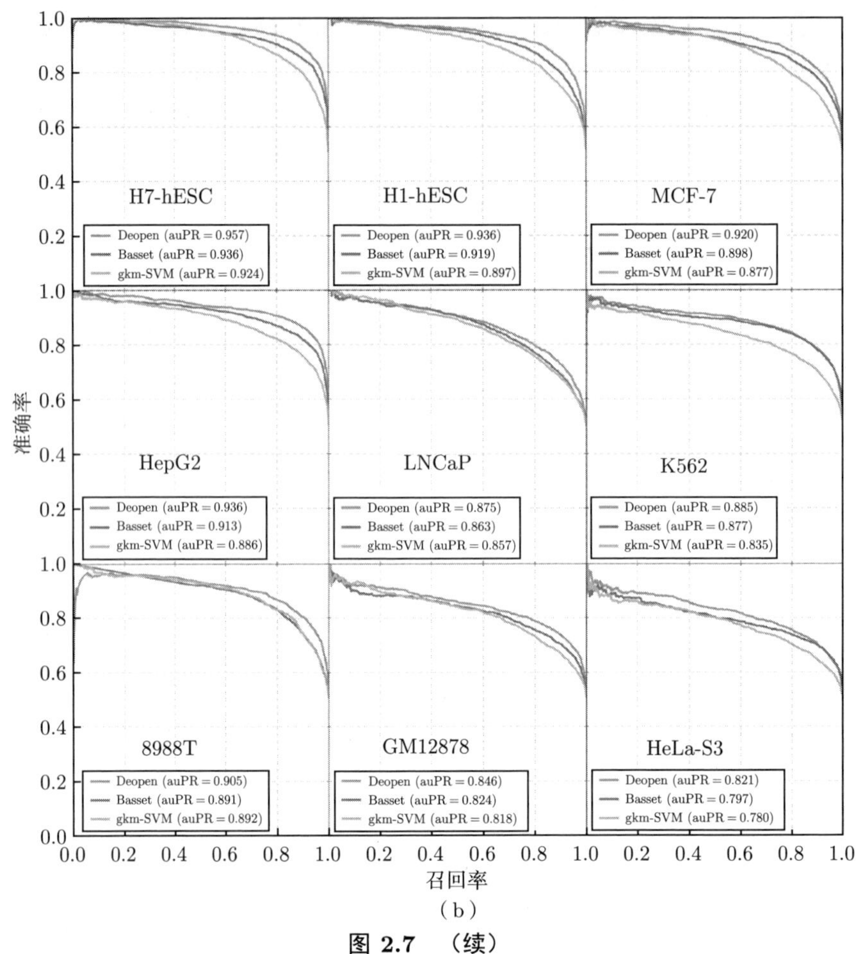

(b)

图 2.7 （续）

接下来，为了分别评估 CNN 和 k 聚体特征对 Deopen 的贡献，进行了模型消融分析，在相同的 50 个没有 CNN 或 k 聚体特征的细胞系中运行 Deopen。删除具有 k 聚体输入的三层前馈神经网络后，平均 AUC 降低约 1%。但是，删除 CNN 架构时，平均 AUC 下降约 9%（图 2.8）。显然，CNN 是 Deopen 架构中最重要的组件，k 聚体也对模型的效果有着一定的帮助。综上所述，在二进制分类任务中，Deopen 优于基线方法 Basset 与 gkm-SVM，同时也阐述了将不同形式的序列特征进行有机结合（如 k 聚体特征和 CNN 提取的特征）后能更好地发挥模型的学习能力，从而学习到序列更为有效的特征。

表 2.1　**Deopen 非平衡数据集下表现结果**

指标	准确率		AUC		F1 分数		损失函数	
方法	Deopen	Basset	Deopen	Basset	Deopen	Basset	Deopen	Basset
H7-hESC	**0.961**	0.932	**0.971**	0.957	**0.785**	0.414	**1.356**	2.340
H1-hESC	**0.955**	0.931	**0.966**	0.957	**0.746**	0.387	**1.570**	2.373
MCF-7	**0.945**	0.940	**0.962**	0.958	**0.688**	0.595	**1.915**	2.064
HepG2	**0.946**	0.926	**0.965**	0.948	**0.706**	0.633	**1.860**	2.546
LNCaP	**0.948**	0.923	**0.956**	0.935	**0.701**	0.378	**1.799**	2.647
K562	**0.932**	0.925	**0.946**	0.936	**0.634**	0.562	**2.339**	2.580
8988T	**0.954**	0.842	**0.960**	0.953	**0.739**	0.536	**1.574**	5.461
GM12878	**0.932**	0.923	**0.927**	0.892	**0.573**	0.437	**2.363**	2.665
HeLa-S3	**0.928**	0.907	**0.930**	0.880	0.531	**0.537**	**2.484**	3.228
Average	**0.944**	0.917	**0.954**	0.935	**0.678**	0.498	**1.918**	2.878

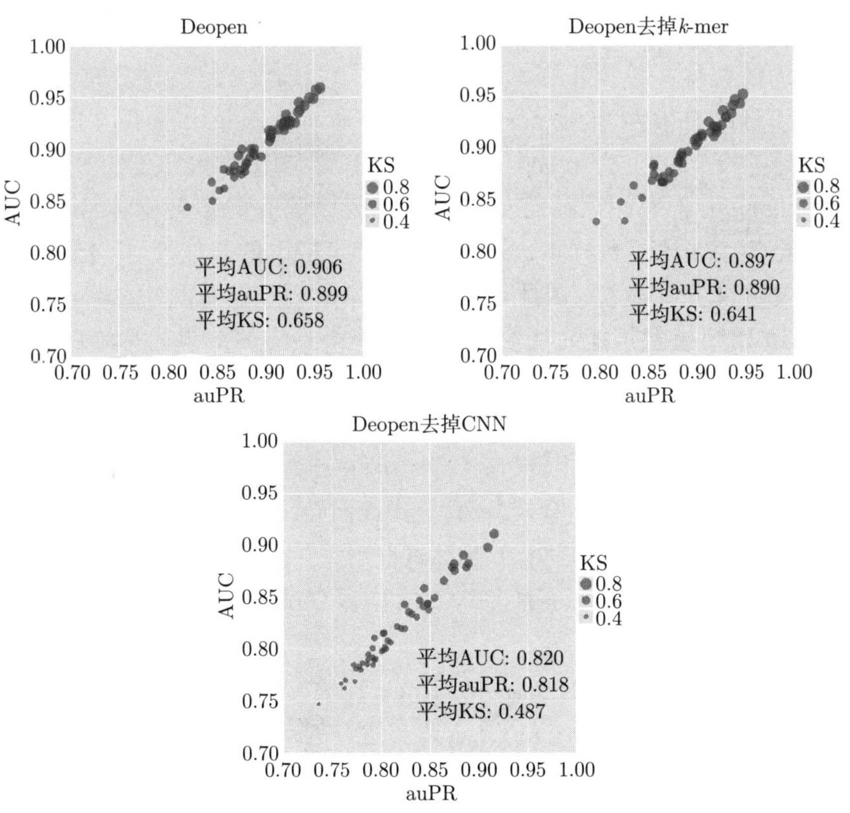

图 2.8　**Deopen 模型的消融性分析**

2.3.4 Deopen 准确恢复连续染色质开放性信号

在上述分类实验中，仅考虑输入 DNA 序列的二进制状态，即打开（可访问）和关闭（不可访问）。但是，即使 DNA 序列具有相同的二元标记，它们的开放程度也可能彼此不同。开放性程度的这种差异意味着二进制分类模型无法区分具有不同开放性的区域。为了解决这个问题，建立了 Deopen 回归模型以进一步恢复 DNA 序列的开放程度。将 openness（请参见方法中的公式）定义为区域的开放性程度，即将平均映射回该区域的读段数，从而为染色质开放性提供了连续的度量。然后，通过将 softmax 层替换为线性变换层来修改 Deopen 模型的结构。此外，使用均方误差（MSE）作为损失函数，从而形成 Deopen 回归模型。

与分类实验相似，使用 Deopen 回归模型来恢复具有相同数据集的输入 DNA 序列的开放性。请注意，人类基因组的开放区域仅覆盖一小部分。因此，首先从原始测试数据集中预测了 DNA 序列在不同细胞系中的开放性（包括正样本及负样本）。直线周围的明显分布暗示了回归模型的有效性。Deopen 回归模型在所有细胞系中的平均 Pearson 相关系数（PCC）为 0.809。在一半以上的细胞系中，PCC 超过 0.8（图 2.9）。由于人们往往对正样本开放区域程度更感兴趣，因此在测试数据集中删除了负样本，并直接预测了正样本的开放性。由于正负样本的开放度差异显著，因此仅预测正样本的开放度更具挑战性。但是，Deopen 回归模型仍能在所有细胞系中获得不错的结果，平均 Pearson 相关系数为 0.648。它甚至在 34%的细胞系中实现了高于 0.7 的 PCC（图 2.10）。

由于尚无公开的工作来预测连续值的开放染色质信号。将 Deopen 回归模型与三个回归模型进行了比较：线性回归[144]、岭回归（Ridge）[145]和 Lasso 回归[146]。将序列的 k 聚体特征用作三个基线模型的输入。对于混合样本的回归，Deopen 的平均 PCC 为 0.809（表 2.2），大大优于三种基线方法。

二项式精确检验和 Mann-Whitney 检验的小 p 值进一步支持了我们方法的优越性（表 2.3~表 2.4）。其中，在二项精确检验中，计算与基线方法相比获得更大 PCC 的细胞系数目，然后使用替代假设（alternative hypothesis）进行检验，即 Deopen 方法胜过基线的可能性大于 0.5。在

Mann-Whitney 检验中，替代假设则变为与基线的那些相比，我们的方法 Deopen 对 50 个细胞系预测所得到的 PCC 具有正的偏移。

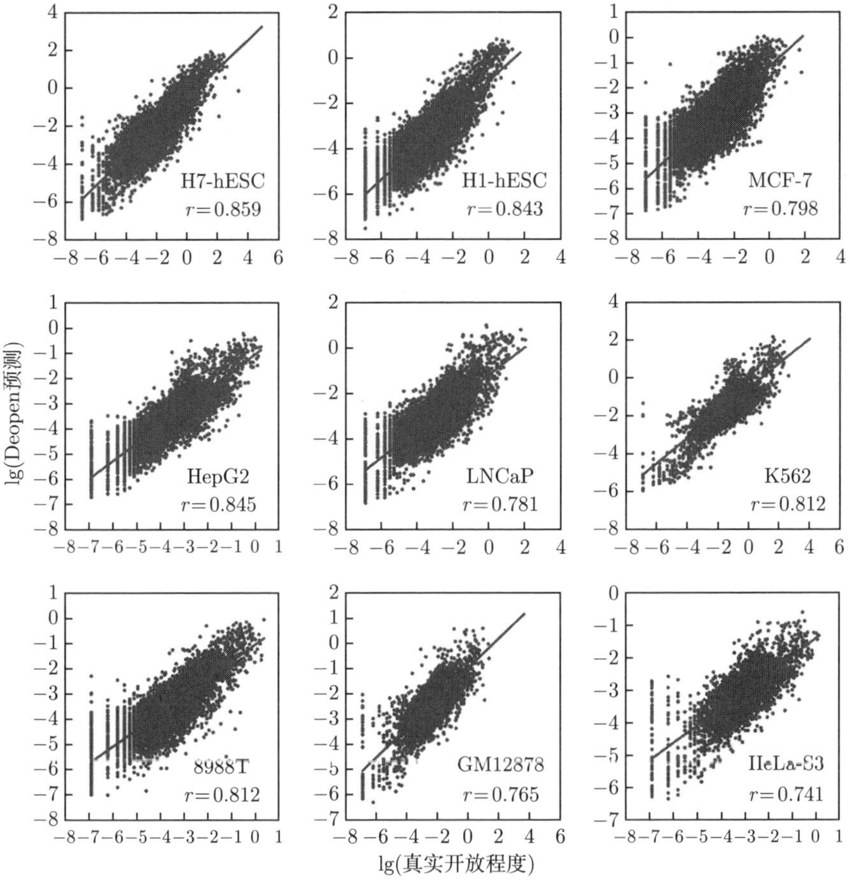

lg(Deopen预测)
H7-hESC
r=0.859
H1-hESC
r=0.843
MCF-7
r=0.798
HepG2
r=0.845
LNCaP
r=0.781
K562
r=0.812
8988T
r=0.812
GM12878
r=0.765
HeLa-S3
r=0.741
lg(真实开放程度)

图 2.9　Deopen 在混合样本下的回归实验性能

lg(Deopen预测)
H7-hESC
r=0.743
H1-hESC
r=0.718
MCF-7
r=0.574

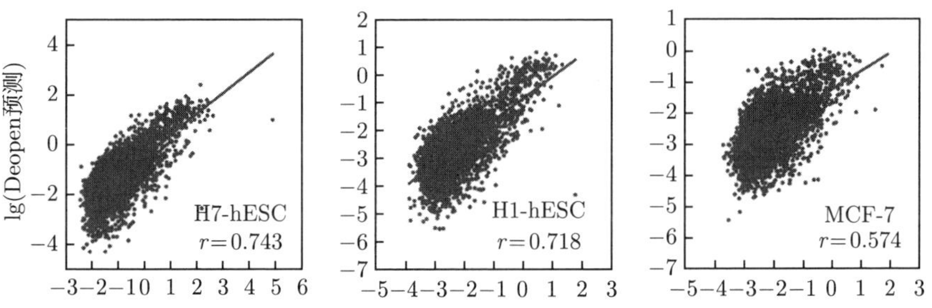

图 2.10　Deopen 在仅正样本下的回归实验性能

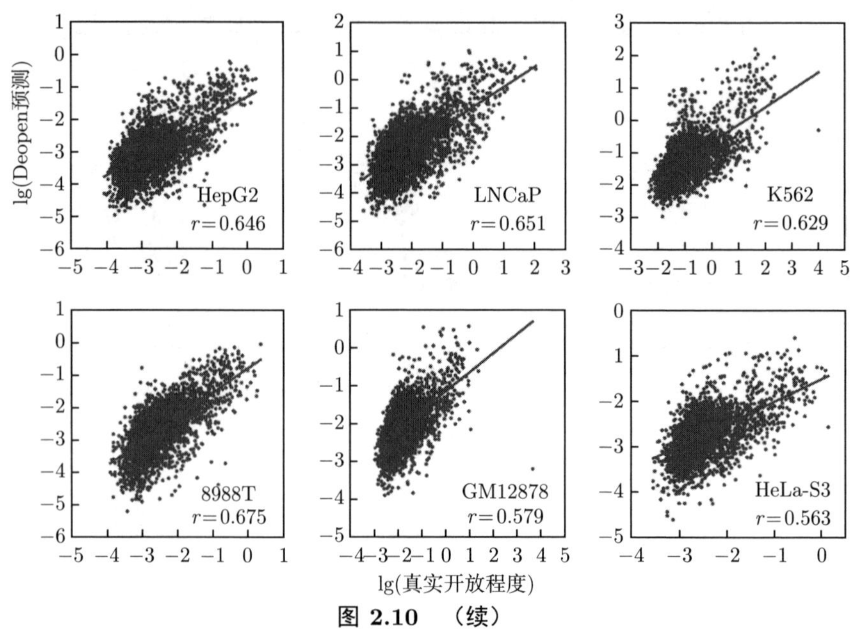

图 2.10 （续）

表 2.2 Deopen 回归模型的比较

方法	混合样本			仅正样本		
	均值	中位数	最大值	均值	中位数	最大值
Deopen	**0.809**	**0.805**	**0.859**	**0.648**	**0.645**	**0.755**
线性回归	0.750	0.752	0.813	0.613	0.604	0.726
岭回归	0.753	0.755	0.813	0.616	0.604	0.727
Lasso 回归	0.620	0.638	0.715	0.503	0.423	0.632

表 2.3 二项精确检验

方法	混合样本	仅正样本
Deopen vs 线性回归	8.88×10^{-16}	4.51×10^{-5}
Deopen vs 岭回归	8.88×10^{-16}	1.52×10^{-4}
Deopen vs Lasso 回归	8.88×10^{-16}	8.88×10^{-16}

为了验证 Deopen 的鲁棒性，设计了如下实验：首先在同时使用正样本区域及负样本区域作为模型训练时，Deopen 回归模型比线性回归模型、岭回归模型及 Lasso 回归模型都具有明显更好的效果（图 2.11（a））。

在这三种基线回归模型中，线性回归与岭回归模型取得了相似的效果，并且要明显优于 Lasso 回归。另外，在只用分类实验中的正样本进行回归实验时，优于缺乏了负样本的对比信息，这变成了一个更加具有挑战性的任务。我们仍然发现 Deopen 的回归效果要优于线性回归模型、岭回归模型及 Lasso 回归模型这三种基线模型（图 2.11（b））。不同回归模型的表现效果都有一定程度的下降。最后，将负样本对正样本之间的比率从 1 更改为 10，在不同的正负样本比例之下，我们的方法在回归实验中仍然达到了最优性能（图 2.11（c））。特别值得注意的是，当正负样本比例发生改变时，Deopen 模型的回归表现（皮尔森相关系数，PCC）并没有特别显著的下降。之前提到的分类模型可以帮助我们判断输入的 DNA 序列是否开放。使用 Deopen 回归模型，可以进一步确定和量化具有连续值的输入 DNA 序列的开放程度。因此，Deopen 回归模型为我们提供了更广泛的预测基因组开放性的方法和推断基因组状态的方式。

表 2.4　Mann-Whitney 检验

方法	混合样本	仅正样本
Deopen vs 线性回归	2.48×10^{-16}	3.25×10^{-3}
Deopen vs 岭回归	4.23×10^{-13}	9.05×10^{-3}
Deopen vs Lasso 回归	1.53×10^{-16}	1.45×10^{-13}

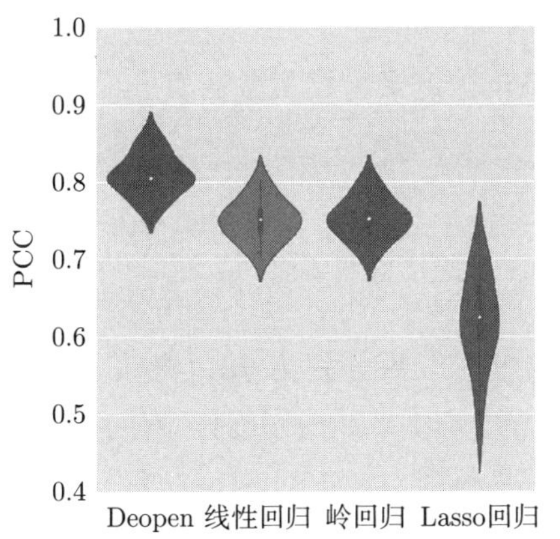

（a）

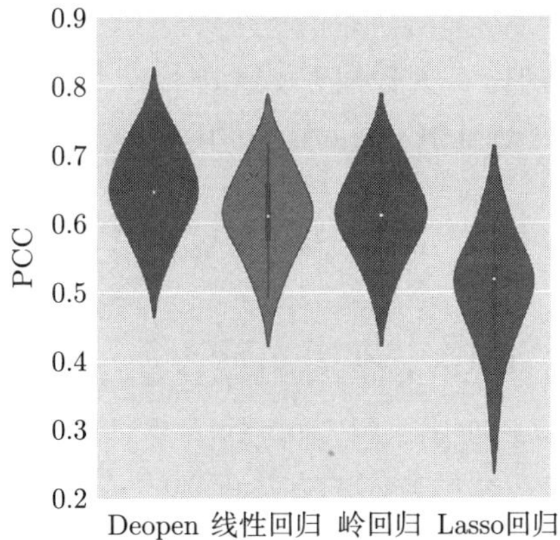

（b）

图 2.11　Deopen 在不平衡样本下的回归实验性能（见文前彩图）

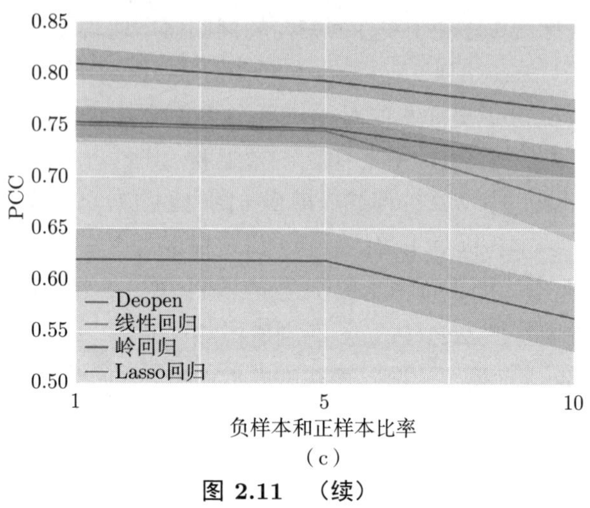

（c）

图 2.11 （续）

2.3.5 神经网络卷积核的生物解释

为了使 Deopen 模型更具可解释性和说服力，提出了一种策略，以可视化第一层卷积核中学到的 motif。具体而言，通过沿着输入序列扫描卷积核的激活位置，然后通过合并相应区域来计算 PWM，将第一卷积层的核参数转换为 PWM。认为满足如下条件的为激活位点：

$$\sum_{m=0}^{M-1}\sum_{n=0}^{N-1} w_{m,n}^{k} x_{i+m,n} > \alpha \cdot \mathrm{MAV} \tag{2.7}$$

其中，α 为控制系数（$0<\alpha<1$），MAV 被定义为最大激活值（maximal activation value），可用如下公式计算：

$$\mathrm{MAV} = \sum_{m=0}^{M-1} \max(w_{m,n}^{k} | 0 \leqslant n \leqslant N-1) \tag{2.8}$$

在可视化实验中，将第一卷积层中的卷积核长度设置为 20，将 α 设置为 0.7。使用工具 TomTom 4.11.2[147] 和 E 阈值 0.05 来识别序列的 motif，并把通过我们的方法识别的 motif 信息匹配到 JASPAR 数据库[148]。

通过上述策略，可以在不同细胞系中利用训练好的模型中的卷积核参数，从而实现从卷积核参数到 motif 的转化。将这些 motif 与 JASPAR 数据库中已知的脊椎动物 motif 进行了比较。使用具有显著 E 阈值 0.05 的 motif 比较工具 TomTom[147]，发现 Deopen 在第一层卷积中学习到的 28%～43%的 motif 均能在不同细胞系中找到已知的匹配 motif（图 2.12）。仅举几例，如 Deopen 成功学习到了干细胞系（H1-HESC）中的 CTCF 的 motif，CTCF 是一种常见的结构蛋白，倾向于结合在开放区域[149]。在前列腺癌细胞系（LN-CaP）中，Deopen 成功学习到 EGR1 的 motif，而 EGR1 被认为是前列腺癌基因治疗的潜在靶标[150]。在另一种肝癌细胞系（HepG2）中，Deopen 学习到了 POU2F1，POU2F1 可以促进细胞增殖并抑制肝癌细胞的凋亡[151]。综上所述，Deopen 强大的学习能力不仅可以帮助我们发现特定细胞系中潜在的转录因子结合位点，还可以指导我们找到实验尚未发现的新颖的 motif。

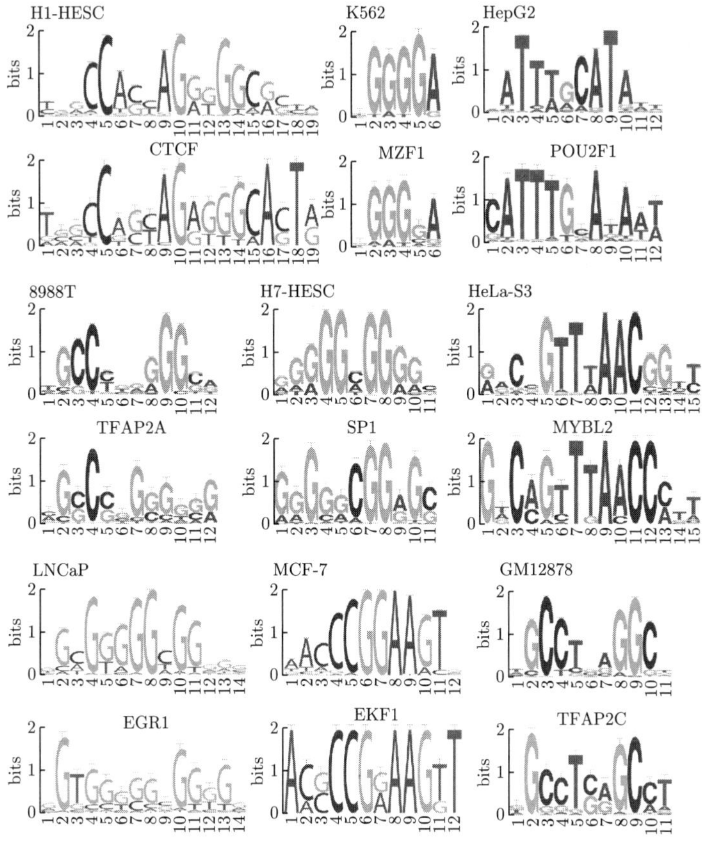

图 2.12　Deopen 卷积核中蕴含的 motif 信息

2.3.6 分析与小结

预测基因组中的功能元件已成为计算生物学的基本问题。我们的工作表明，软件（CNN）、硬件（GPU）和基因组大数据的发展已极大地提高了此类问题的解决性。具体来说，我们介绍了 Deopen，它是一个集成了深度卷积神经网络（CNN）和前馈神经网络的开源框架，可自动学习 DNA 序列的调控代码并挖掘其蕴含的 motif 信息。我们的模型在预测准确性上已大大超过了当前的最新方法。研究人员不仅可以使用我们的方法来学习不同细胞系的染色质开放性密码，还可以挖掘不同细胞系的开放区域更加富集的 motif 信息。

通过设计一系列额外的实验来验证 Deopen 的可扩展性、可伸缩性和鲁棒性。首先，在 MNase-seq 数据集上进一步测试 Deopen，该数据应该比 DNase-seq 数据集更准确。与所有基线方法相比，Deopen 仍然具有更高的性能（图 2.13）。具体而言，在常见的 K562 细胞系的分类实验中，实验设置和数据预处理的方式和 DNase-seq 数据类似，即选取 MNase-seq 数据的峰值区域为正样本，随机挑选同样数量的背景序列作为负样本，其中正样本同样会从中心向两端各自扩展 500 bp，从而得到长度为 1000 bp 的序列。Deopen 模型在 K562 细胞系分类实验中取得了 0.871 的 AUC，高于 Basset 的 0.825 及 gkm-SVM 的 0.841。而在另外一个常见的 GM12878 细胞系中，观测到了类似的结果，Deopen 取得了 0.922 的 AUC，高于 Basset 的 0.895 及 gkm-SVM 的 0.910。在 MNase-seq 数据集上的表现，Deopen 依然要优于两个基线方法，这些实验结果再次说明了 Deopen 模型的通用性，即可以应用于多种测量染色质开放性信号的实验数据。

其次，使用随机选自背景基因组的样本作为负样本，这样做的好处是采访方便，但是可能带来潜在的问题，比如染色质开放区域的 GC 含量可能有所区别，那么模型可能仅仅通过学习正负样本的 GC 含量就能轻易地进行区分，随机采样的正负样本的 GC 含量分布如图 2.14 所示。可以看出，随机采样正负样本在 GC 含量上有着明显的区别。如果不消除正样本序列与负样本序列在 GC 分布上的差异，那么一个最简单的分类器——直接通过 GC 含量来判断是否具有染色质开放性能直接起到比较好的效果，因为通过观察，几乎所有的细胞系中染色质开放区域的序列 GC 含量要明显比染色质闭合区域的 GC 含量高。

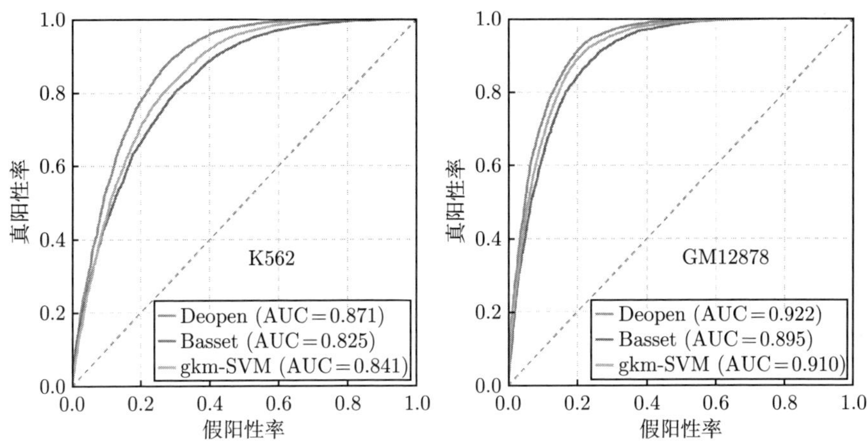

图 2.13　Deopen 在 MNase-seq 数据集下的表现性能

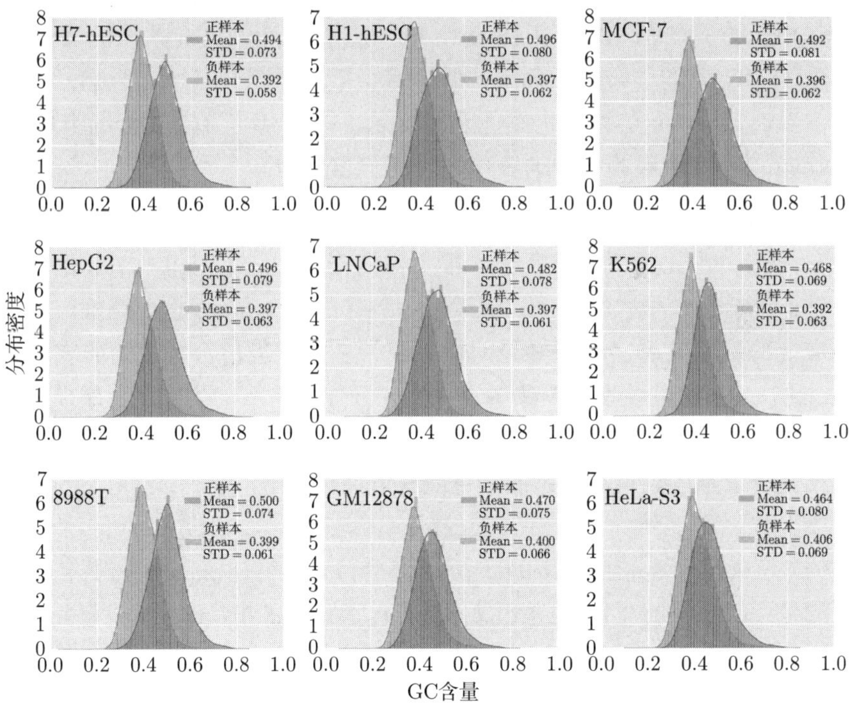

图 2.14　完全随机负样本采样策略下 GC 含量正负样本的分布

为了解决这个问题，提出了一种新的采样策略保证负样本和正样本具有相同的 GC 含量分布，同时也保证了采样的随机性。具体的做法是先计算正样本基因组序列的 GC 含量分布，我们希望采样得到的负样本和正样本具有尽量相同的 GC 含量分布，这本质上是一个概率采样模型，为了简化这一问题，首先计算正样本 GC 含量的最大值、最小值及不同百分位数（percentile）下的值。注意到，选取了从 1%到 100%的 100 个 GC 值的分位数，这样可以保证将正样本分成 100 个区域且每个区域数目相同，由此得到 100 个具有相同数量的正样本的分布池（pool）。随后，在采样负样本的时候也会尽量保证在每个分位数区间采样的负样本数和正样本数相同，具体的做法是构建相同数量的负样本分布池（pool），最终目的是希望 100 个负样本池中也具有相同数量的采样样本，那么在采样时，只要某个池的数量未满，就继续随机采样，直到满足数量要求为止，满足数量要求后舍弃多余的采样样本，最后保证 100 个池中负样本数目完全相等。经过这样的采样策略采样得到的负样本和正样本则具有非常相近的 GC 值的分布（图 2.15）。在这样全新的负样本采样策略下，排除了 GC 值的分布对染色质开放区域与染色质闭合区域的影响，在实验中发现 Deopen 的性能仍然优于 Basset（图 2.16）。在 50 个细胞系中，Deopen 在 44 个细胞系中的表现都要优于 Basset。

当然，本研究所提出的模型可以从许多方面进一步改进。首先，Deopen 捕获 DNA 序列特征的强大能力可以帮助鉴定基因组中的其他功能元件，包括启动子、增强子、沉默子等。其次，Deopen 也可以推广到预测突变的影响并确定功能变异的优先级，从而促进精密医学的研究和实践。再次，目前的模型主要集中在细胞系开放性区域的识别上，如果结合了来自生物学实验（例如 RNA-seq 和 ChIP-seq）额外的信息，所提出的模型则可以推广到跨细胞系的染色质开放性预测上。最后，针对 motif 的分析表明，第一层卷积操作是有效的 motif 发现工具。研究人员可以使用我们的方法来学习特定细胞系中转录因子结合位点的特有 motif。同样值得研究的是，CNN 的较高层的卷积操作是否包含 motif 相互作用的信息。

总而言之，使用 Deopen，研究人员可以对感兴趣的细胞类型进行深度测序（如 DNase-seq、ATAC-seq、MNase-seq 等）从而获取染色质开放数据。然后，可以学习基因组的调控密码并学习不同细胞系中可能的 motif 分布。使用大规模的公共数据，可以训练出一种准确且可解释的模型，有希望预测与人类疾病相关的遗传变异的影响，尤其是在非编码区域缺乏足够解释的变异。希望我们的方法在未来可以帮助揭示遗传信号的调控机制，并有助于理解 SNP 的潜在功能。

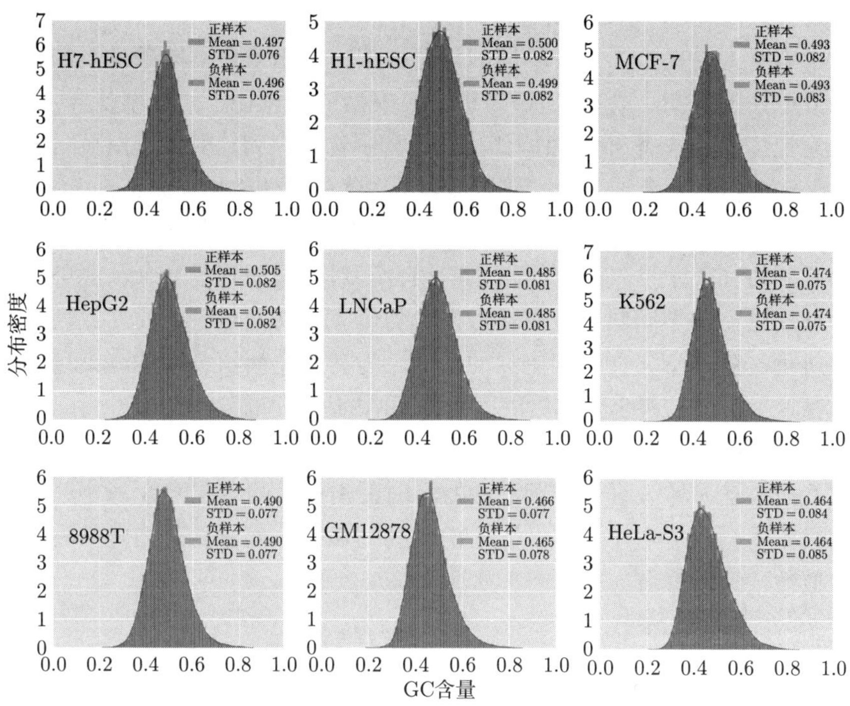

图 2.15　新负样本采样策略下 GC 含量正负样本的分布

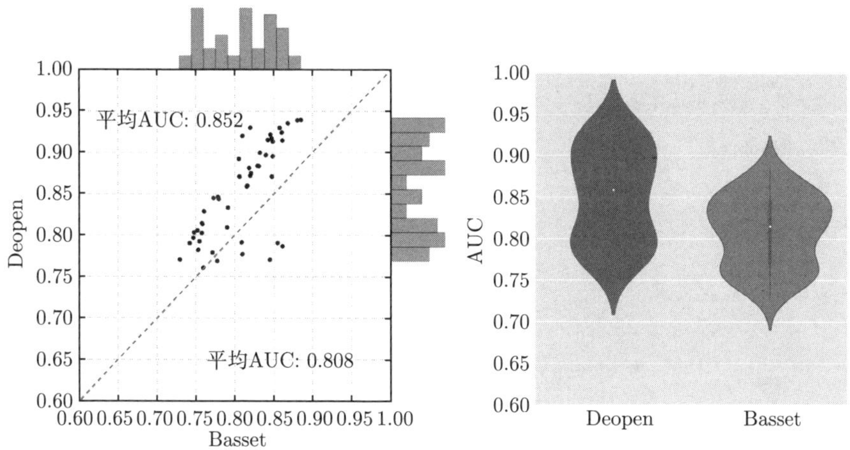

图 2.16　新负样本采样策略下 Deopen 与 Basset 的表现对比

2.4 小　　结

本章主要提出了两种不同的计算框架，可用于在不同条件下的染色质开放性的预测。第一个 kmerForest 模型的特色在于“数据整合”，该模型把传统的 k 聚体序列特征巧妙地和多物种序列比对数据所蕴含的进化保守性信息整合到一起，从而达到了更优的预测效果。第二个 Deopen 模型的特色在于“特征结合”，利用一个混合的神经网络模型对统一序列的不同特征表示形式进行了有机的结合。对利用序列信息来预测染色质开放性这一科学问题进行了较为系统的研究，从而对染色质开放性的调控机理、序列特异性有着更深的认识。为利用序列信息来预测染色质开放性这一重要的科学问题提供了两种不同的思路和解决方案。

本章介绍两个不同的模型，阐述了在基于基因组序列信息预测染色质开放性信号这一科学问题上做的不同探索和尝试。在第 3 章中，提出的模型将会融合组学信息及先验的生物知识，从而起到跨细胞系染色质开放性预测的效果。

第 3 章　融合组学数据的跨细胞系染色质开放性预测方法

3.1　引　　言

在第 2 章的研究中，主要研究了基于序列信息预测染色质开放性的机器学习方法，DNA 序列作为基因组最基本的数据特征，通过仅仅四种不同核苷酸的排列，编码了大量的潜在模态信息。例如 motif 就是多个连续位置上的核苷酸以不同概率出现的典型序列模态特征。这些序列的模态特征对细胞内正常生命活动的行使非常重要，如染色质开放性作为基因组的重要信号之一，同时也是表观遗传的重要信号之一。染色质开放性区域通常在基因组的占比很少（2%~3%），但是基因组中染色质开放性的区域往往与基因调控活动密切相关。例如转录因子的绑定位点具有很强的序列模态特征，现有的 JASPAR[148] 及 HOMER[152] 等数据库中提供了大量常见的转录因子与其对应的 motif 的数据库。这些数据库提供了转录因子绑定的序列偏好性的定量描述，为研究者们研究转录因子等蛋白与 DNA 相互作用从而进行基因调控等行为提供了大量的数据基础。从这个角度而言，利用 DNA 序列信息研究染色质开放性的机器学习模型显得非常自然，且具有非常广泛的意义，直接回答了各细胞系中不同序列模态应该具有什么样的染色质开放性这一基本的科学问题。

同时从另外一个角度，尽管基于纯序列信息的模型具有输入数据容易获取、实验数据依赖小的特点，模型的训练和预测任务显得非常便捷，特别是考虑到基因组序列获取的成本要远低于高通量测序实验的成本，但该类方法的缺点也非常明显，纯基于序列的模型无法学习到不同细胞系下输入特征的差异性（参考基因组在不同细胞系下是共享的），从而无法进行跨细胞系的染色质开放性预测。随后的研究中，有研究者引入细胞特异性的基因表达数据，试图完成跨细胞系染色质开放性的预测任务。Zhou 等在 2017 年提出了 BIRD 的回归模型，该模型仅利用基因表达数据来预测染色质开放区域[77]，具有较强的跨细胞系染色质开放性的预测能力；Nair 等在 2019 年提出了一种称为 ChromDragoNN 的深度残差神经网络模型，该模型将序列和表达数据结合起来，以预测染色质开放性[80]。这些方法的特征也体现了对染色质开放性计算方法研究的思路变化，从以往单纯地探究染色质开放性的序列特异性（specificity）到不同细胞系下染色质开放性的决定因素。

第 2 章主要介绍了基于序列信息的染色质开放性预测模型，而在本章主要介绍融合基因组注释及转录组数据的 DeepCAGE 模型，DeepCAGE 模型利用了知识融合的思路，对先验的 motif 信息和基因表达信息进行有机融合，并能够进行跨细胞系染色质开放性的预测，体现了“知识融合”的模型特点，为染色质开放性的预测模型提供了新的思路。

3.2　研究背景与动机

功能基因组学研究的基本问题之一是如何通过转录因子（TFs）和诸如启动子、增强子、沉默子等调控元件（RE）的交互作用在空间和时间上控制基因的活性。这些调控元件往往以非编码 DNA 序列的形式存在于染色质开放区域，并与转录因子结合，以细胞特异性的方式进行调节功能[108]。因此，跨细胞类型的染色质开放区域的探索将极大地促进对基因调控机制的破译，并进一步提供有关细胞分化、组织稳态和疾病发展的认知[42]。

深度测序技术的最新进展使染色质开放性的全基因组测量成为可能。例如，DNase-seq 利用 DNase I 酶消化 DNA 序列，并鉴定出大部分可通过染色质进入的 DNase I 超敏区域[153]。ATAC-seq 使用 Tn5 转座酶将引物 DNA 序列整合到裂解片段中，这些片段主要来自染色质可及区域[49]。随着 ENCODE[7] 和 Roadmap[154] 等项目的完成，这些技术已成功应用于建立跨数个物种的数十种细胞系的染色质开放性图谱。这些数据的积累为加深人们对基因调控和疾病发生的理解提供了前所未有的机会[155-157]。

然而，由于实验成本的限制及考虑到生物细胞环境中的巨大差异性（如细胞分化、环境刺激和其他因素），进一步扩展实验以涵盖所有可能的细胞类型仍然不切实际。针对这一问题，研究者们已经提出了使用 DNA 序列、基因表达和其他类型的数据等信息来预测染色质状态的计算方法[71-74,77,93-94,158-159]。例如，Kelley 等提出了一种称为 Basset 的深度卷积神经网络模型，以完全依靠独热编码的 DNA 序列预测染色质开放区域[73]。Liu 等开发了一种混合深度学习模型，用于集成多种形式的序列表示以实现较高的预测性能[94]。Quang 等使用混合卷积和递归神经网络来预测染色质信号[72]。但是，由于序列本身不具有细胞系特异性，因此几乎不能将纯粹依赖于序列数据的模型直接推广到跨不同细胞类型进行预测。为了克服这一局限性，Zhou 等提出了一种称为 BIRD 的回归模型，该模型仅利用基因表达数据来预测染色质开放区域[77]。然而，该方法完全忽略了序列的信息，其应用范围受到限制，因为基因表达的可用性不如序列数据广。基于以上理解，Nair 等提出了一种称为 ChromDragoNN 的深度残差神经网络模型，该模型将序列和表达数据结合起来，以预测染色质开放性[80]。但是在此方法中，序列特征和表达特征通过简单的串联组合在一起。该公式尽管计算简单，但缺乏可解释性，并且与现有的生物学知识不一致。

基于以上理解，提出了一种称为 DeepCAGE 的方法，即通过融合基因表达和转录因子的 motif 信息来预测染色质开放性的深层紧密连接的卷积网络。与 BIRD 和 ChromDragoNN 将完整的表达数据作为输入不同，我们的方法是基于生物学上的理解，即染色质可及性很大程度上取决于具有染色质开放性的染色质绑定蛋白，因此我们的方法仔细考虑了染色质绑定蛋白（如转录因子）的 motif 先验信息。在一系列的系统评估中，DeepCAGE 不仅在染色质开放状态的分类中，而且在 DNase-seq 信号的回归方面都达到了最先进的性能。为了使 DeepCAGE 更易于理解，提出了一种在第一个卷积层中可视化权重的策略。有趣的是，许多已知的 motif 已通过 DeepCAGE 成功恢复。在全基因组测序（WGS）数据分析的下游应用中，DeepCAGE 有效地确定了有害变异的优先级，DeepCAGE 可用于预测和解释复杂的表型。

3.3 基于密集连接卷积网络的 DeepCAGE 模型

3.3.1 模型设计架构

DeepCAGE 模型是在以下前提下设计的：转录因子的 motif 信息和基因表达可以作为序列数据的补充，以更加精确地预测染色质的开放性。基于这种理解，将 DeepCAGE 设计为一种混合神经网络，它由用于序列数据的卷积模块和用于染色质开放性预测的前馈模块组成（图 3.1）。简而言之，对输入序列数据进行了独热编码，然后将编码后的数据馈送到紧密连接的卷积神经网络（DenseNet），并将输出作为序列特征。对于转录因子，使用 Homer[152] 工具利用 HOCOMOCO 数据库[160] 中的非冗余 motif，扫描了输入序列中 402 种人类转录因子的潜在结合位点。然后，为每个转录因子选择了结合位点的最大分数，以获得 402 维向量作为 motif 特征。对于基因表达，将 402 个转录因子对应的基因表达 TPM 值转化为对数，并在分位数归一化（quantile normalization）后获得了 402 维向量作为表达特征。利用这些数据，通过乘积的方式来组合 motif 和表达特征的两个向量，并将得到的结果与序列特征相连接以获得混合特征，该特征通过前馈神经网络与完全连接的隐藏层进行连接，随后用于分类或回归的输出层。

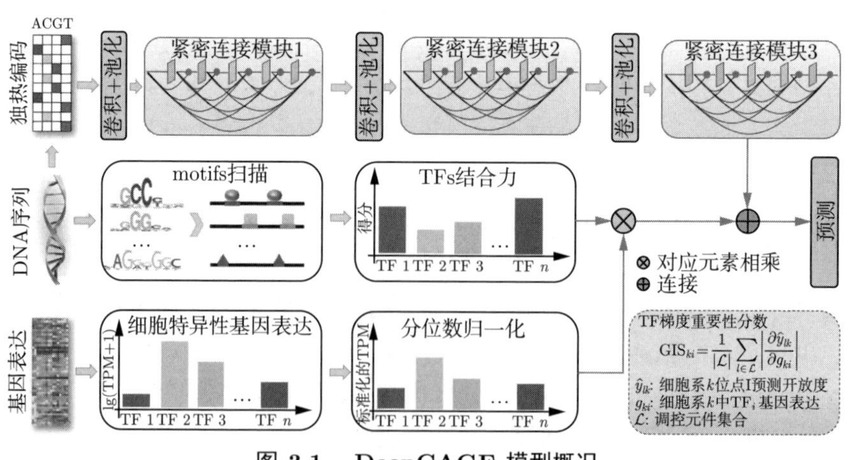

图 3.1 DeepCAGE 模型概况

DeepCAGE 通过紧密连接卷积网络（DenseNet）的网络来提取序列特征，具有减轻梯度消失问题和增强特征传播的优势[161]。如图 3.1 所示，我们的模型中包含三个密集块（dense block）。每个块包括五个卷积层，并且每层卷积以前馈方式连接到其他层。卷积层则由两个大小分别为 1×1 和 3×1 的卷积核组成，前者旨在将级联通道减少到固定数量，而后者充当传统卷积。在密集块之前提供了一个转换模块，用于特征提取和降维。首先将输入序列扩展到以序列的中点为中心的 1000 个碱基对（bp）的固定长度，然后通过独热编码将其转换为 1000×4 的二进制矩阵。最后将矩阵馈送到包含卷积层和最大合并层的第一转换模块。卷积层有 160 个大小为 4×15 的卷积核，用于提取低级特征并检测 DNA 结合 motif，而最大池化层用于在每个卷积核的给定滑动窗口中找到最重要的激活信号。其他两个过渡模块使用相似的设置来提取高级特征和降维。在每次卷积运算之后，都使用整流线性单位（ReLu）来保持正激活并将负激活值设置为零。在每个 ReLu 函数之后分别使用批处理规范化[162] 和 Dropout 策略[140]，分别减少内部协变量偏移并避免过度拟合。对于 DeepCAGE 回归模型，与分类模型有两个主要区别。首先，输出层直接使用线性变换而不是 Sigmoid 函数。其次，将均方误差（MSE）取代交叉熵用作损失函数。

3.3.2 模型评价方法

使用细胞类型水平的五重交叉验证实验来评估模型的表现。在每个折叠中，将 55 种细胞类型分为包含 44 种细胞类型的训练集和包含其余 11 种细胞类型的测试集。已知的开放性位点定义为在至少两种训练集细胞类型中开放。新型的开放性位点则被定义为在至少两种测试细胞类型中开放但是不在训练数据中的任何基因组区域。

从不同细胞类型与不同基因位点两个角度定义了统计量来评估跨细胞系的染色质开放性模型（图 3.2）。在整个基因组区域内的测试数据集上计算细胞类型指标，以提供对方法的评估指标。基于跨细胞类型的基因组区域计算基因位点指标，以对性能进行详细分析。这些度量为分类和回归设计中的方法提供了全面而系统的评估。

假定 $\boldsymbol{Y}_{L\times K}$ 和 $\hat{\boldsymbol{Y}}_{L\times K}$ 分别代表真实标签矩阵与预测标签矩阵，其中

L 与 K 分别代表基因组位点数据与细胞系的数目。在分类实验中，$y_{l,k}$ 与 $\hat{y}_{l,k}$ 分别代表第 k 个细胞系下，第 l 个基因组位点的真实开放性标签与预测的开放性标签。对于第 k 个细胞型的 auPR 的评价则是基于 $\boldsymbol{y}_{*,k}=(y_{1,k},y_{2,k},\cdots,y_{L,k})$ 与 $\hat{\boldsymbol{y}}_{*,k}=(\hat{y}_{1,k},\hat{y}_{2,k},\cdots,\hat{y}_{L,k})$。具体计算过程是先确定一个阈值 t，准确性则可以通过预测对的样本数 $\left(\sum_l I(\hat{y}_{l,k}>t)\right)$ 与总的预测数 $\left(\sum_l I(\hat{y}_{l,k}>t)\right)$ 的比值来确定。召回率则可以通过预测正确的样本数与总的样本数 $\left(\sum_l y_{l,k}\right)$ 间的比例来确定。其中 $I(x)$ 为示性函数，仅输入条件为真时返回 1，其他时候返回 0。这时候，如果从 0 到 1 之间来改变阈值 t，计算每一个阈值所对应的准确率及召回率，便可以得到一条准确率及召回率的曲线，曲线下面积则是需要计算的指标 auPR，便得到了细胞型 auPR 的计算过程。同样地，基因组位点 auPR 则是通过 $\boldsymbol{y}_{l,*}=(y_{l,1},y_{l,2},\cdots,y_{l,K})$ 与 $\hat{\boldsymbol{y}}_{l,*}=(\hat{y}_{l,1},\hat{y}_{l,2},\cdots,\hat{y}_{l,K})$ 用类似的方式计算。

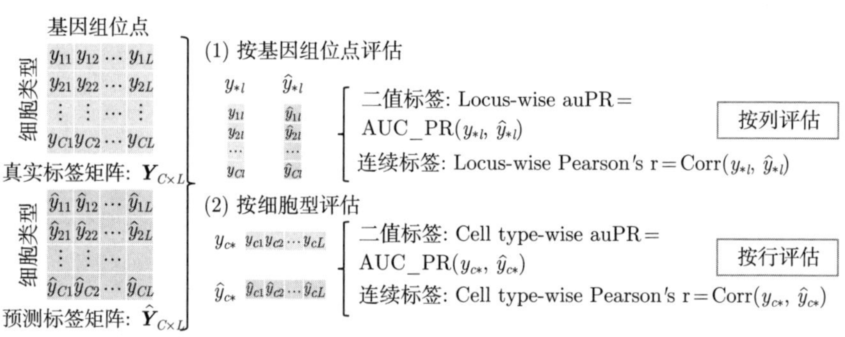

图 3.2 跨染色质开放性预测的模型评估方法

在回归实验中，$y_{l,k}$ 与 $\hat{y}_{l,k}$ 分别代表第 k 个细胞系下，第 l 个基因组位点的真实开放程度与预测的开放程度。同分类实验相似，通过计算细胞系皮尔森相关系数，即 Pearsonr$(\boldsymbol{y}_{*,k},\hat{\boldsymbol{y}}_{*,k})$，以及基因组位点皮尔森相关系数，Pearsonr$(\boldsymbol{y}_{l,*},\hat{\boldsymbol{y}}_{l,*})$ 来评价回归实验结果的好坏。额外地，引入了预测均方误差（predicted squared error，PSR）这个统计量，同时考虑不同细胞系的预测结果及不同基因组位点的预测结果。其公式可表示为

$$\mathrm{PSR} = \frac{\sum\limits_{k}\sum\limits_{l}(y_{l,k} - \hat{y}_{l,k})^2}{\sum\limits_{k}\sum\limits_{l}(y_{l,k} - \bar{y}_{*,k})^2} \tag{3.1}$$

其中，$\bar{y}_{*,k}$ 是 $\boldsymbol{y}_{*,k}$ 的平均值。

在回归实验中，还引入了两个统计量用来描述同一个基因组位点的开放性信号在不同细胞系下的动态性。这两个统计量分别称为“细胞动态范围”与“细胞变化性”。“细胞动态范围”的定义为 $\max(\boldsymbol{y}_{l,*} - \min(\hat{\boldsymbol{y}}_{l,*}))$，而“细胞变化性”则通过在第 l 个基因组位点上不同细胞系的开放性 $\boldsymbol{y}_{l,*}$ 的标准差来衡量。

引入了大量的基线方法作为对比来充分体现 DeepCAGE 的模型性能。其中 Basset[73]、DeepSEA[71] 和 DanQ[72] 是三个代表性的神经网络模型，仅将 DNA 序列作为输入。BIRD[77] 是仅将基因表达数据作为输入的回归模型。ChromDragoNN[154] 是一个基于神经网络的模型，同时将 DNA 序列和基因表达作为输入。我们的方法与 ChromDragoNN 有以下主要区别。首先，这两种方法的设计原理明显不同。ChromDragoNN 通过直接连接所有基因的 DNA 序列和表达数据来预测染色质的开放性。DeepCAGE 用 DNA 序列和转录因子的结合状态解释了染色质的开放性。因此，DeepCAGE 试图以一种更自然的方式解释染色质的开放性，因为染色质的开放性被认为主要是由核小体的占有率和拓扑结构及染色质结合因子决定的[42]。其次，这两种方法的网络体系结构是不同的。ChromDragoNN 使用 ResNet 提取序列特征，而 DeepCAGE 使用 DenseNet，这是一个相对较新的体系结构，并且在许多任务上都经过实验验证，其性能优于 ResNet。再次，这两种方法的输入也不同。ChromDragoNN 需要所有基因的 DNA 序列和表达数据，而 DeepCAGE 仅需要 402 个人类核心转录因子的基因表达数据及 DNA 序列数据作为输入。这些转录因子的 motif 信息可以从现有的 motif 数据库中获得，该 motif 数据库可以预先计算而无需额外的实验费用。

3.3.3 实验数据准备和预处理

从 ENCODE 数据库中下载 55 种人类细胞类型的 narrowPeak 文件及 DNase-seq 的 bam 文件。人类 hg19 参考基因组被分为 200 bp 的非重叠区域。考虑到细胞类型可能具有多个 DNase-seq 复制（replicate），挑选一个候选的区域需要保证与至少一半复制的 narrowPeak 区域重叠，否则就过滤掉。流程如图 3.3 所示。对于分类实验，将二进制标签 y_{lk} 分配给基因区域 l，表示它在第 k 个细胞系中是否开放。对于回归实验，将一个细胞类型的多个重复的 bam 文件合并，并且细胞类型 k 中的基因区域具有原始读段数 n_{lk}。为了消除测序深度的影响，归一化地读取计数，其中 N_k 表示第 k 个细胞系的读段总数，$N = \min N_k$ 表示所有细胞系的读段总数。在伪计数加 1 之后，对规范化的读段数进行进一步的对数转换。转换后的数据代表染色质开放性的程度，然后在回归模型中用作响应变量。

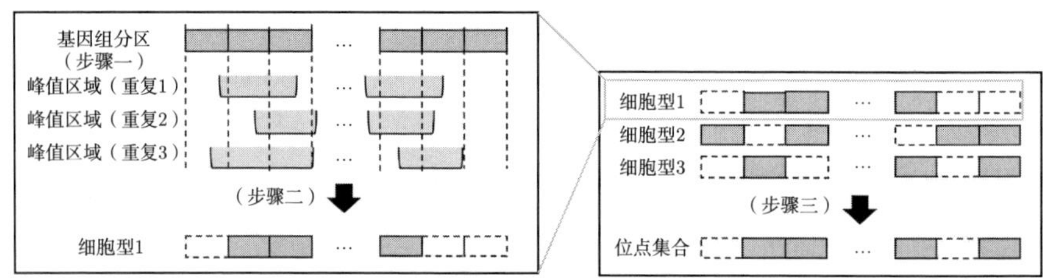

图 3.3　选取候选开放区域的策略

另外，还从 ENCODE 项目下载了相同 55 种人类细胞类型对应的 RNA-seq 数据。提取了 402 个核心人类转录因子的基因表达数据（TPM）。经过进一步的对数转换和基于 TPM 值的分位数归一化后，每种细胞类型内的归一化表达在多个重复实验（replicate）中取平均值，最终使用每种细胞类型的平均表达谱。

在遗传变异的实验中，从 dbGaP 数据库（版本号：phs000424.v7.p2）下载了 GTEx 肌肉组织的全基因组测序（WGS）数据和 RNA-seq 图谱。匹配这两种类型的数据，总共选择了 491 个患者的数据进行下游分析。对于这些患者中的每一个，均以与 ENCODE 数据相同的方式处理 RNA-seq 数据，并通过排除所有患者中的插入变异、删除变异及次要等位基因频率小于或等于 5 的稀有变异来过滤 WGS 数据。

3.4 DeepCAGE 模型预测性能

3.4.1 DeepCAGE 准确预测跨细胞系染色质开放性二值状态

首先评估了 DeepCAGE 在预测输入的 DNA 序列是否呈现染色质开放性的性能。为了实现这一目标，从 ENCODE 项目下载了 55 种细胞类型的配对 DNase-seq 和 RNA-seq 数据，并在细胞类型级别进行了五次交叉验证实验。在验证的每一步中，将数据分为 44 种细胞类型的训练集和其余 11 种细胞类型的测试集。然后，将已知可访问基因组位点定义为在训练数据中至少两种细胞类型以上均呈现染色质开放行的基因组区域。对于每种细胞类型，进一步将正样本确定为在细胞类型中呈现开放性的基因组区域，将负样本确定为不可访问的基因组区域。之后，在训练数据上训练了我们的模型，并针对每种测试细胞类型将正样本基因组区域与负样本基因组区域进行了分类。最后，计算了一种称为细胞类型 auPR 的标准，以评估分类方法的性能。

在上述交叉验证实验中，将 DeepCAGE 的性能与四种现有方法进行了比较，包括 Basset[73]、DeepSEA[71]、DanQ[72] 和 ChromDragoNN[80]。结果（图 3.4（a））显示，在所有方法中，DeepCAGE 的性能最高，平均细胞类型 auPR 为 0.418，而 Basset 为 0.166，DeepSEA 为 0.195，DanQ 为 0.188，ChromDragoNN 为 0.319。特别是，DeepCAGE 在很大程度上优于基于序列的方法，这表明这些基于序列的方法无法捕获细胞特异性的信息。进一步的分析表明，在一种细胞类型中，正样本基因组位点的比例通常很小，并且表现出较大的变异（范围从 2.6%到 29%），这表明我们的方法具有处理不平衡数据的能力。

随后，采取了进一步的措施，以进一步评价我们的方法预测新型染色质开放位点的能力。在验证实验的每一步中，将推定的新型基因组位点鉴定为在至少两种测试细胞类型中开放且在训练数据中不存在的基因组区域，这明显是一个更加有挑战性的任务，体现了模型对预测位点的泛化能力。如图 3.4（a）所示，结果也表明 DeepCAGE 具有 0.181 的平均细胞类型 auPR 优势，与 Basset 的 0.107 相比，DeepSEA 的 0.104、DanQ 的 0.110 和 ChromDragoNN 的 0.151 均高出不少。

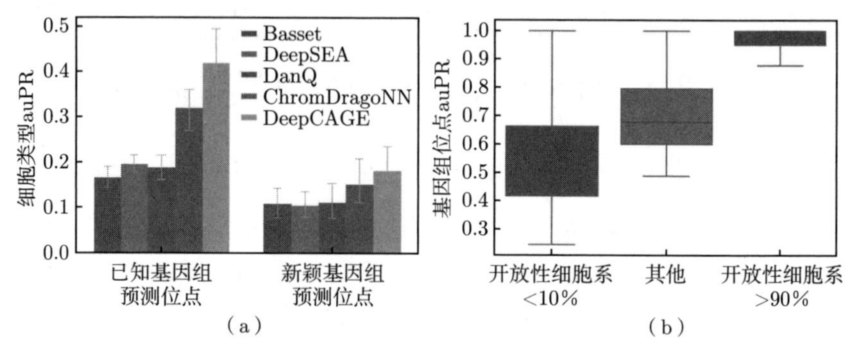

图 3.4 DeepCAGE 在染色质开放性二值分类实验中的表现性能

最后，分析了开放性区域的细胞类型特异性如何影响我们方法的预测性能。为了实现此目标，根据开放性基因组位点的细胞类型的比例，将推定的已知开放性基因组位点分为三类。使用称为基因组位点 auPR 的标准评估了交叉验证的结果，该标准评估了跨细胞类型的方法在开放性基因组位点上的预测性能（请参见方法）。结果表明，对于开放性 10%或更少细胞类型的基因组位点，DeepCAGE 的平均基因组 auPR 为 0.578，当在开放性更多细胞类型的基因组位点时，该标准会提高（图 3.4（b））。这些结果表明，细胞类型特异性可能是影响方法预测性能的重要因素。

3.4.2 DeepCAGE 准确恢复跨细胞系染色质开放性连续信号

在上述分类实验中，仅考虑特定细胞类型中基因组区域的二进制开放性状态。但是，在实际情况下，DNase-seq 实验给出的基因组区域的开放性是连续形式。考虑到这种情况，进一步提出了 DeepCAGE 回归模型，以预测 DNA 区域的染色质开放性程度，其定义为落入相应区域的原始读段数的归一化平均计数。

首先，使用与 3.4.1 节相同的交叉验证设置，将 DeepCAGE 的性能与两种基线方法 BIRD[77] 和 ChromDragoNN[80] 进行了比较，并根据两种标准评估了回归结果，即细胞类型皮尔森相关系数（PCC）和预测平方误差（PSE）。结果显示，与 BIRD 的 0.637 和 ChromDragoNN 的 0.735 相比，DeepCAGE 的平均细胞类型 PCC 为 0.785（图 3.5（b））。进一步的分析表明，在 18.2%的测试细胞类型中，DeepCAGE 实现的细胞类型

PCC 为 0.85 或更高。在两种细胞类型中，DeepCAGE 甚至可以达到 0.9 或更高的细胞类型 PCC（请参见图 3.5（a）中的示例）。DeepCAGE 还实现了最小的 PSE（0.420），大大超过了两种基线方法（BIRD 为 0.770，ChromDragoNN 为 0.570）（图 3.5（c））。

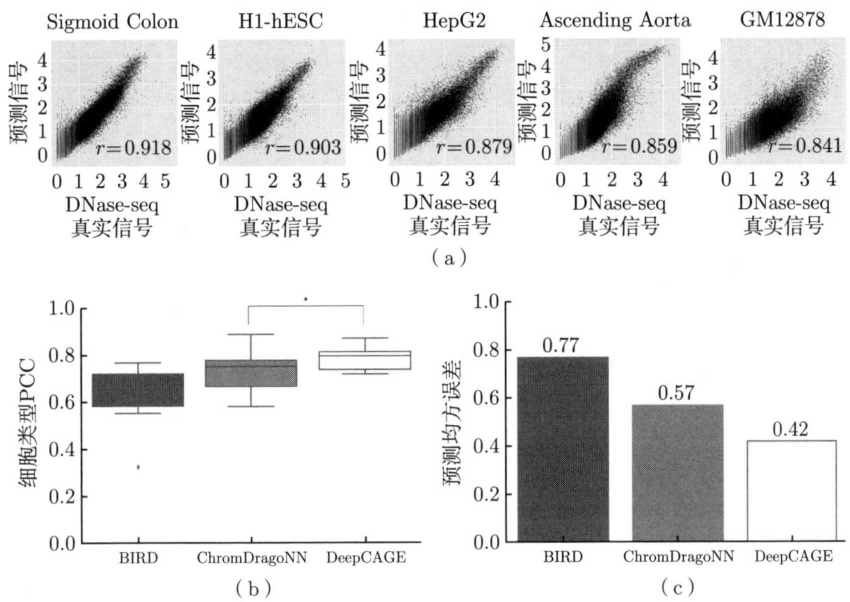

图 3.5　DeepCAGE 在染色质开放性回归实验中的表现性能

然后，通过引入两个统计量（细胞动态范围和细胞变化性）来描述基于真实的 DNase-seq 信号交叉细胞类型的基因组区域的活性动态，探讨了 DeepCAGE 对于具有不同细胞类型特异性的推定开放性基因组区域的性能。根据这些统计量的 1/3 和 2/3 分位数将已知和新颖的开放性基因组位点分为三组（低、中位数和高）。结果表明，DeepCAGE 对于中等细胞动态范围和细胞变化性的开放性基因组区域具有高预测性能（图 3.6（a）），与 BIRD 中的结论一致。简而言之，对于已知的具有中等细胞动态范围的开放性基因组区域，DeepCAGE 获得的中位数基因组 PCC 为 0.512，而具有低和高细胞动态范围的基因组区域分别为 0.435 和 0.399。使用细胞变化性统计信息时，对于已知的具有低、中位数和高细胞变化性的开放性基因区域，DeepCAGE 分别实现 0.384、0.514 和 0.448 的中位数基因组位点 PCC。对于新颖的开放性基因组区域，结果是相似的，只是对应统计量的值略低。根据开放性基因组区域的细胞类型数目，将已知的开放性基因组区域进一步分为五个组。结果（图 3.6（b））显示，对于在不同数量的细胞类型中开放性的基因组区域，DeepCAGE 的性能差异很大。简而言之，对于中等比例的细胞类型开放性的基因组区域，其性能很高，而对于仅少数比例的细胞类型开放性的基因组区域而言，性能相对较低。

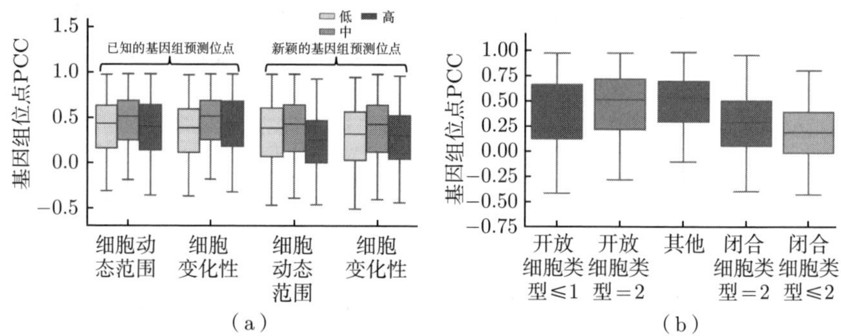

图 3.6 DeepCAGE 在不同基因组位点分组实验中的表现性能（见文前彩图）

最后，在 UCSC 基因组浏览器[125] 中通过三种测试细胞类型（GM12878、HepG2 和 H1-hESC）在图 3.7中可视化了样本基因组区域的真实（绿色）和预测（黄色）DNase-seq 信号。相比之下，还提供了平均信号（红色）作为参考，该信号是通过对所有训练细胞类型进行平均 DNase-seq 信号计算得出的。显然，DeepCAGE 能够很好地区分出三种测试细胞类型之间 DNase-seq 信号的差异，而平均信号失败了。

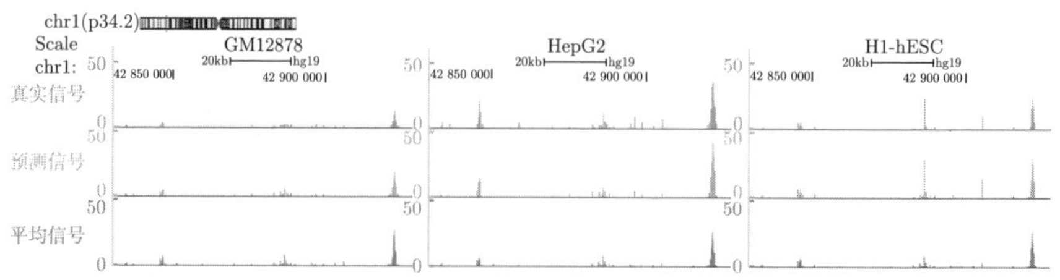

图 3.7 DeepCAGE 跨染色质开放性预测的实例效果展示（见文前彩图）

3.4.3 针对 DeepCAGE 模型的消融性分析

接下来研究了基因表达和转录因子结合分数对我们方法性能的贡献。以 DeepCAGE 回归模型为例，通过丢弃基因表达数据，细胞类型 PCC 的中位数降低了 13.1%（图 3.8，单边配对样本 Wilcoxon 符号检验 p 值 $= 6.53\times10^{-11}$）。通过去除转录因子结合得分，细胞类型 PCC 中位数降低了 3.6%（图 3.8，单边配对样本 Wilcoxon 符号检验中的 p 值 $= 3.78\times10^{-4}$）。这些结果表明，基因表达数据可以显著地帮助改善 DeepCAGE 在跨细胞类型染色质开放性预测中的性能，而转录因子的结合得分则略微提高了性能。该观察结果背后的一个潜在原因是，在神经网络的卷积层中已经学习了很大比例的 DNA 序列特征，因此转录因子结合分数仅能提供有关 DNA 序列特征的补充信息。

此外，为了展示 DeepCAGE 使用的网络架构的优越性，另外进行了以下两个实验。首先，用 ResNet 替换了 DenseNet，它的层数与卷积层中的密集块数和隐藏节点数相同。结果表明，就细胞类型 PCC 的中位数而言，DenseNet 比 ResNet 的性能提高了 6.4%（图 3.9，成对样本的 Wilcoxon 符号检验中的 p 值 $= 3.15\times10^{-6}$）。

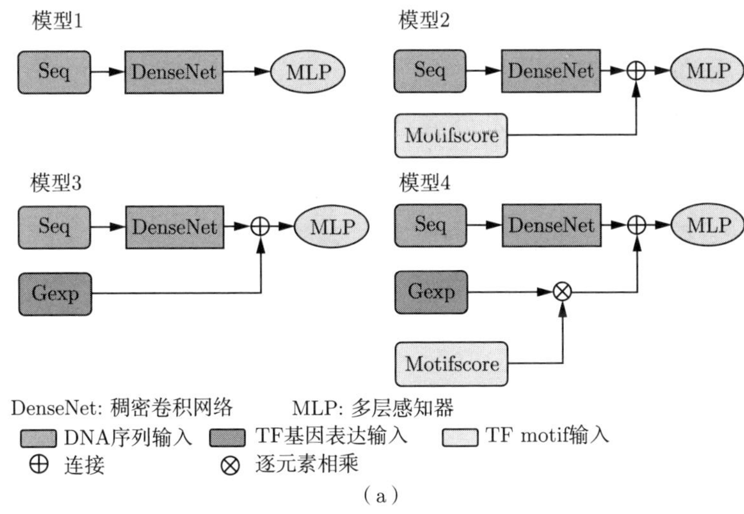

（a）

图 3.8　DeepCAGE 模型的消融性分析（见文前彩图）

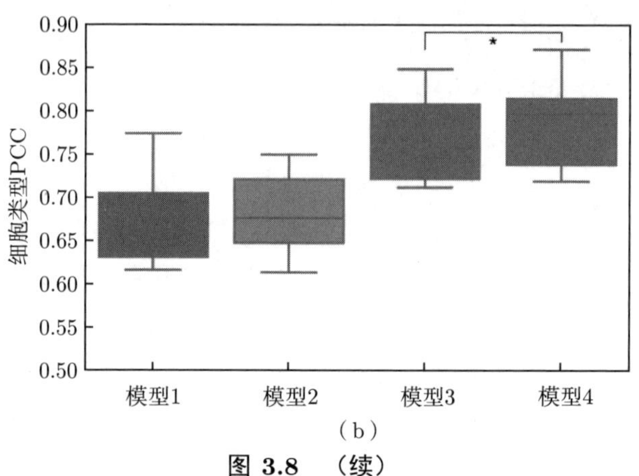

（b）

图 3.8 （续）

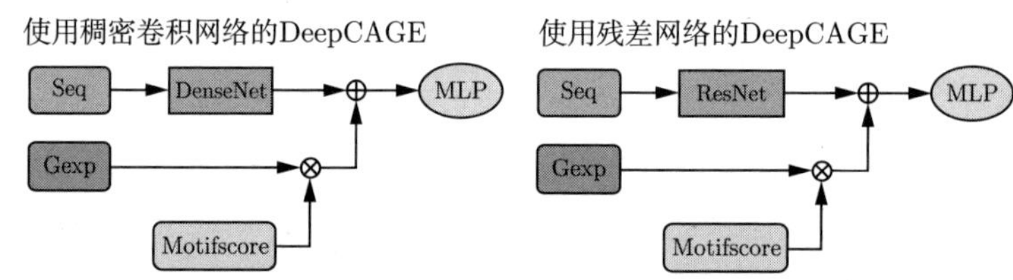

（a）

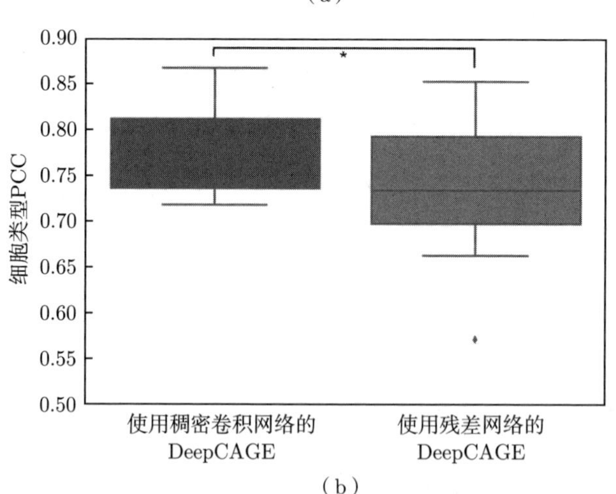

（b）

图 3.9 DeepCAGE 网络架构超参数分析（见文前彩图）

3.5 DeepCAGE 模型的生物学应用与解释

3.5.1 基于梯度的转录因子的优先排序分析

DeepCAGE 相对于传统的基于基因组序列的染色质开放性预测模型而言，其重要的改变则是引入了基因组注释及转录组数据。具体而言，是通过整合 motif 数据库中提供的基因组上不同转录因子的 motif 信息及这些转录因子所对应的基因表达数据，进行跨细胞系或组织的染色质开放性预测。跨细胞系染色质开放性预测的核心则是利用转录因子的表达信息引入了细胞特异性的数据。非常自然的一个问题便是如何衡量这些转录因子在跨细胞系预测中所起到的重要性，包括不同转录因子起到的重要性在不同细胞系中的差异等。为了研究这一问题，提出了一种基于梯度的策略，根据预测的染色质开放性相对于转录因子表达的绝对梯度对细胞类型相关的转录因子进行优先排序。

首先定义梯度重要性评分（gradient importance score，GIS）用于量化在给定一对细胞类型和一个基因组位点的情况下确定转录因子的优先级。简而言之，首先将基因位点延伸到以区域中点为中心的 200kb 基因组区域。然后，对于转录因子的表达，在扩展区域内预测开放性的平均绝对梯度计算为

$$\mathrm{GIS}_{ki} = \frac{1}{\mathcal{L}} - \sum_{l \in \mathcal{L}} \left| \frac{\partial \hat{y}_{l,k}}{\partial g_{k,i}} \right| \tag{3.2}$$

其中，$\hat{y}_{l,k}$ 表示在第 k 个细胞系下第 l 个基因组位点的预测的染色质开放性程度，$g_{k,i}$ 则表示第 i 的转录因子在第 k 个细胞系下的表达。集合 $\mathcal{L}$ 则代表了上述 200kb 区域内所有选定的基因组位点。梯度重要性分数能让我们知道不同的转录因子在每个细胞系起的重要性程度。

在具体的实验中，选择测试集中的 K562 细胞系为例，首先计算了从抑癌基因 TP53 的上游 100kb 到下游 100kp 内所有推定基因组位点的所有转录因子的平均梯度重要性得分（GIS），而已有的文献表明 TP53 在髓母细胞转化中起关键作用[163]。关于该基因的转录起始位点（TSS），跨细胞类型和转录因子的平均梯度重要性得分如图 3.10（a）所示。然后，通过 K562 细胞系中的 GIS 平均得分对 402 个人类核心转录因子进行优

先排序（图 3.10（b））。有趣的是，许多排名最高的转录因子与白血病细胞的功能有关，这一点已通过文献验证。例如，EGR–1（排名第一位）参与调节 PMA 诱导的 K562 细胞株的巨核细胞分化[164]。E2F7 的抑制（排名第三位）可能导致白血病细胞株中涉及的 miRNA 减少[165]；在慢性粒细胞白血病中，甲基化使 JunB（排名第五位）的表达失活[166]。富含前 5%优先转录因子编码基因的 GO 条目富集分析还包括白细胞分化和造血发育的生物学过程（图 3.10（c））。综上所述，GIS 评分为我们提供了一种直观的解释，即在特定细胞类型和基因组区域的情况下，哪种转录因子可能在预测染色质开放性中起重要作用。

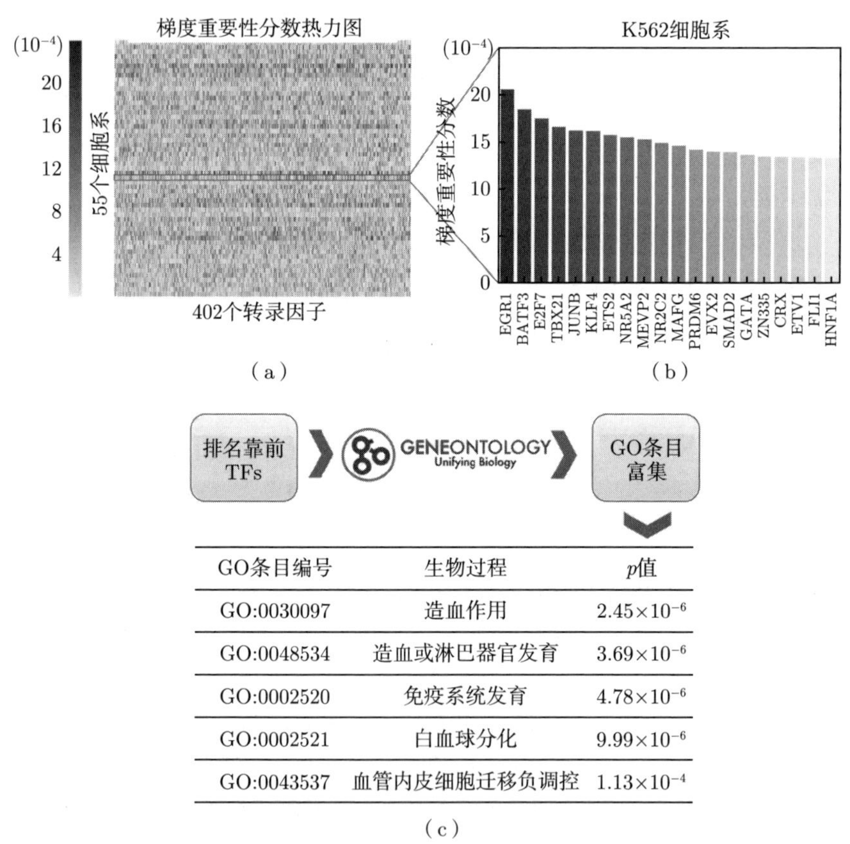

GO条目编号	生物过程	p值
GO:0030097	造血作用	2.45×10^{-6}
GO:0048534	造血或淋巴器官发育	3.69×10^{-6}
GO:0002520	免疫系统发育	4.78×10^{-6}
GO:0002521	白血球分化	9.99×10^{-6}
GO:0043537	血管内皮细胞迁移负调控	1.13×10^{-4}

图 3.10　基于梯度重要性分数的转录因子排序分析

3.5.2　神经网络卷积核的可视化与信息熵分析

使用 TomTom（版本号 4.12.0）软件来挖掘 motif 信息，E 阈值设定为 0.05，将我们模型学习到的 motif 和 JASPAR 数据库中已有的 motif 进行比对。另外，从信息熵的角度来定义一个 motif 的信息含量，计算公式为 $\mathrm{IC} = \sum\limits_{i,j}(p_{i,j}\log_2 p_{i,j} - b_i \log_2 b_i)$，其中，$p_{i,j}$ 是 PWM 矩阵中的基本元素，i 与 j 分别代表核苷酸的类型和位置的标号，b_i 为每个核苷酸的背景序列的频率，在实验中默认设置为 0.25。

为了使 DeepCAGE 更易于理解，通过研究第一卷积层中 160 个卷积核的权重，探索了 DeepCAGE 自动学习的功能。简而言之，将权重转换为位置权重矩阵（PWM）。具体方法是通过对一组输入序列中出现的对应激活状态的子序列进行统计，从而将来自第一卷积层的内核的权重转换为位置权重矩阵（PWM）。激活值大于阈值的所有对应的子序列都汇集在一起并对齐。然后，PWM 由每个位置的 4 个核苷酸（A，C，G 和 T）的频率组成。如果满足以下条件，则位置 i 的子序列被视为已激活

$$\sum_{m=0}^{M-1}\sum_{n=0}^{N-1} w_{m,n}^{k} x_{i+m,n}^{j} > \alpha \cdot \mathrm{MAV}^{k} \tag{3.3}$$

其中，$M \times N$ 表示卷积核的尺寸，在第一层的卷积核中设置为 4×15，MAV^k 代表第 k 的卷积核的最大激活值，α 则为控制系数，在实验中设置为 0.7。

通过上述方式得到卷积核对应的 PWM 矩阵之后，将其与 JASPAR 数据库中的已知 motif 进行比较[167]。发现 48 个（30%）内核可以在 E 阈值 0.05 时匹配已知的 motif。在匹配的卷积核中，有 25 个（52%）具有至少一种在 DeepCAGE 模型中能匹配人类的核心转录因子。然后，计算学习到的 motif 的信息熵与模型表现能力的关系，将每个卷积核的权重设置为零，并将平均细胞类型 PCC 的减少表示为每个卷积核的影响得分。展示了一些在已有数据库中未收录但是具有较高影响力分数的 motif（图 3.11（a）），并展示了可以与 JASPAR 数据库中匹配的已知 motif 的一些示例（图 3.11（b））。这些结果表明，DeepCAGE 不仅可以帮助我

们发现潜在的转录因子绑定 motif，还具有指导寻找尚未被实验发现的新颖 motif 的潜力。

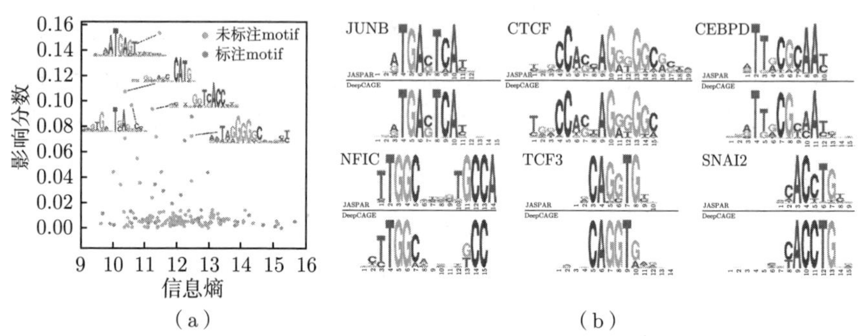

（a） （b）

图 3.11 DeepCAGE 模型卷积核的可视化与信息熵分析

3.6 DeepCAGE 模型在解读全基因组测序数据上的应用

3.6.1 建立全基因组测序变异位点影响的评估方法

将 DeepCAGE 应用于全基因组测序（WGS）数据分析，并演示了我们的方法如何帮助检测可能影响表型的调控元件中的个体特异性有害变异。原理是量化遗传变异影响附近基因组区域的染色质开放性的程度，然后相应地对变异进行优先排序。如图 3.12（a）所示，对于一个个体，将个体基因组和参考基因组分别输入经过训练的 DeepCAGE 回归模型，并为它们中的每一个计算预测得分。然后，将这两个分数的绝对对数比值变化作为染色质开放性变化的量度。对于全基因组测序数据中的每个变异位点，通过该突变位点所在的序列（WGS genome）及原始参考基因组序列（REF genome）分别输送到训练好的 DeepCAGE 模型中，从而获取患者在特定组织或者细胞系下的变异位点的影响分数 ΔO。注意到由于 DeepCAGE 考虑到了转录因子表达的信息作为输入，该影响分数既是患者特异性（donor-specific），又是细胞组织特异性（cell type specific）。

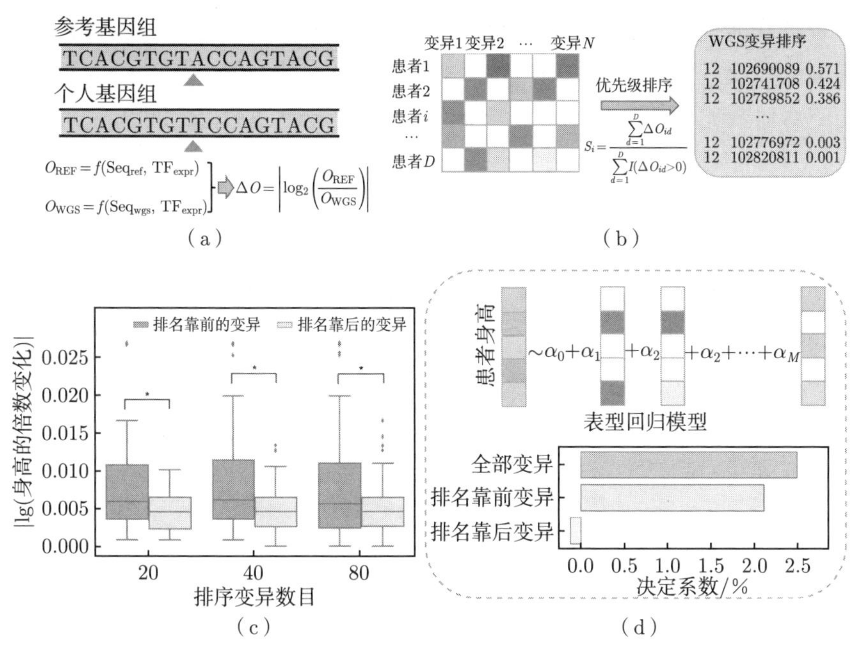

图 3.12　DeepCAGE 在全基因组测序数据分析中的应用

3.6.2　全基因组数据测序变异位点的排序分析

在定义了在特定患者、特定组织细胞系下全基因测序数据中某个遗传变异位点的影响件得分 ΔO 后，进一步来定义患者个体水平的有害评分，首先利用患者的特定细胞系或组织（比如肌肉组织）下的转录因子的基因表达数据用于计算上述影响性得分 ΔO，通过对包含变异位点的队列中的所有个体均计算对应的影响性得分 ΔO，然后对包含该全基因组测序变异位点的个人水平影响性分数进行平均，来获得该变异位点的同类水平有害性分数 S_i。为了保证模型的有效性及去除极罕见变异的影响，仅考虑了次要等位基因频率大于 5 的全基因组数据中的变异位点。

从 GTEx 项目中下载了 491 个患者的表型数据（身高）及相应的 WGS 数据。通过大规模的全基因组关联研究，额外收集了 3290 个与身高相关的风险单核苷酸多态性（SNP）[168]。对于每个风险 SNP，将风险区域定义为以 SNP 为中心的 200kb 基因组区域。然后，根据从患者获得的有害分数对危险区域内的 SNP 进行排名（图 3.12（b））。作为特别说明，检查了众所周知的生长因子 IGF1 启动子区域中风险 SNP（rs5742714）周围的风险区域[169]。在该风险区域内排名最高的变异位点显示的平均身高绝对对数比值的变化明显高于排名最低的变异位点（图 3.12（c））。

3.6.3 从全基因组突变位点到复杂表型的建模与解释

定量地研究了风险表型的有害分数可以解释多少高度表型的差异。为了实现此目标，提出了一个线性回归模型，并且带有 l_1 的模型惩罚项，该模型将一组变异位点的有害性分数作为预测变量，并将高度表型作为响应变量。建立了一个带 l_1 惩罚项的线性回归模型利用突变位点的有害性分数来预测表型，这里的表型选取的是患者的身高，其中单位为英尺。具体的线性回归模型可表示为

$$h = \alpha_0 + \sum_{k=1}^{K} \alpha_k \Delta O_k \tag{3.4}$$

其中，h 为捐赠者的高度，ΔO_k 代表第 k 个变异位点的有害性分数。l_1 惩罚项的系数设置为 0.5。实验结果做十倍的交叉验证，随后平均的决定系数（coefficient of determinant）作为评价表型预测结果好坏的指标，公式可表示为

$$R^2 = 1 - \frac{\sum_i (h_i - \hat{h}_i)^2}{\sum_i (h_i - \bar{h})^2} \tag{3.5}$$

其中，h_i 代表第 i 个患者真实身高，$\bar{h}$ 为患者平均身高，$\hat{h}_i$ 为回归预测得到的第 i 个患者身高。该指标越大说明预测变量与响应变量间的相关性越高。当预测模型为不含惩罚项的线性回归模型时，该指标等于皮尔森相关系数的平方。

首先，利用在 3290 个风险区域内的 1 103 572 个 WGS 变异位点的有害性分数作为上述线性回归模型的预测变量，通过计算可以得到这些超过一百万的 WGS 变异位点一起可以解释患者身高表型的 2.49%。有趣的是，通过上述对 WGS 变异位点的排序策略，选用在 3290 个风险区域内每个风险区域有害性得分排名在前 10%的变异位点，这些变异位点的有害性分数一起作为上述线性回归模型的预测变量可以解释高度表型

的 2.11%。这些结果表明，通过我们的方法优先排序的变异位点的一小部分已经包含了有助于解释复杂表型的大多数信息。相反，还注意到排名靠后的 10%变异位点对解释身高表型没有任何作用（图 3.12（a））。

总而言之，DeepCAGE 能够对推定的风险遗传变异进行精细定位，并优先考虑可能与特定表型有关的 WGS 变异，通过染色质开放性能够解析复杂表型相关非编码区遗传因素，并进一步用于对复杂表型（比如身高）的解释中。这显示了 DeepCAGE 模型对大规模遗传学数据解读的促进作用。

3.7　小　　结

本章主要介绍了一种名为 DeepCAGE 的深度学习框架，可用于对染色质开放性进行全基因组范围内的预测。所提出的方法的标志是将序列数据和转录因子的结合状态整合到一个统一的深度神经网络中。通过这两种类型的信息相互补充，所提出的方法克服了现有方法的局限性，并不仅在分类方面而且在染色质开放性连续信号的回归方面证明了方法的最优性能。所提出的方法从两个方面提供了对功能基因组学的见识。首先，梯度重要性得分可以直观地衡量转录因子对某种细胞类型中特定基因组位点的调控作用。其次，卷积核的可视化表明，通过所提出的方法自动提取的特征不仅与现有知识一致，而且包含潜在的新型转录因子结合 motif。所提出模型的这种可解释性将有助于剖析各种细胞条件下的调控机理。所提出的方法还提供了在遗传研究中解释和优先确定有害变异的可能性。可以进一步探索这种解释复杂性状的能力，以促进对疾病相关遗传变异的理解。

当然，可以从以下几个方面进一步改进所提出的模型。首先，目前的模型忽略了指导转录因子以外的蛋白质合成的基因表达。然而，已经显示，诸如染色质调节子（chromatin regulators，一类具有专门功能域的酶）之类的蛋白可以以细胞特异性的方式塑造和维持表观遗传状态[170]，因此也可以提供推断染色质开放性的状态。如何将这些染色质调节剂的信息纳入现有的模型是未来工作的方向之一。其次，所提出的模型目前以细胞特异性的方式识别染色质开放区域，但无法进一步区分这些区域中潜在调控元件的特定类型。随着诸如增强子[171] 和沉默子[172] 等有关顺式调节元素的注释越来越完善，以及预测这些元素之间相互作用的计算方法[173-174]，预计所提出的框架可以进一步扩展到揭示不同类型的基因组调控元件与全基因组转录组谱之间的全面关系。

DeepCAGE 模型的特色在于“知识融合”，该模型巧妙地融合了细胞型特异性的转录因子 motif 注释信息及基因表达信息，这使得跨细胞系预测染色质开放性成为可能。DeepCAGE 模型为第 2 章中基于基因组序列信息预测染色质开放性模型的延伸和拓展，从最初的仅仅依赖于序列数据的模型，到融合其他组学数据以及先验的转录因子 motif 知识，从而一步步建立了预测染色质开放性这一科学问题的系统性研究方法，对染色质开放性的预测问题有着更进一步的认识，为探索染色质开放性这一基本的科学问题提供了新的思路和解决方案，同时也对大规模遗传学数据的解读（如全基因组测序数据）进行了有益的探索。

本章紧紧承接第 2 章内容，将紧紧依赖于序列信息的染色质开放性预测模型通过引入新的组学数据推广至跨细胞系的染色质开放性预测中。在第 4 章中，对染色质开放性的研究将会由细胞群水平（bulk）转移到单细胞水平，从而增添了染色质开放性信号不同维度的研究。

第 4 章　基于深度生成式模型的单细胞染色质开放性分析方法

4.1　引　言

2013 年 *Nature Methods* 将单细胞基因组和转录组测序技术评为年度方法时，人们刚开始展望关于细胞异质性的研究将在数年内取得突破性进展。而 2018 年 *Science* 将基于单细胞的生命发育研究评为年度十大突破之首时，人们已经完成了对斑马鱼受精卵 20 余种细胞类型的时序跟踪研究。在近十年的时间里，单细胞实验技术发展飞速，不仅为研究细胞发育、组织再生等诸多生命科学的基本问题提供了手段，而且使得理解肿瘤微环境[175]、揭示癌症耐药机制[176] 等临床医学的关键问题成为可能，从而从根本上改变了生命科学的研究范式。单细胞技术发展至今，其实验范围已经从最初的基因组和转录组走入更深入的表观遗传组和三维基因组，这使得人们对细胞类型的刻画更加精细，对细胞中各类生物大分子的活动特性描述更加准确，从而能够更加清晰地理解组织、器官和生物体的发育和演化过程。本章的研究则是聚焦于单细胞染色质开放性这一重要的单细胞表观遗传信号。

单细胞技术（如单细胞 ATAC-seq）的最新进展已实现了在单细胞水平上对染色质开放性的大规模分析。但是，scATAC-seq 数据的特性（包括高稀疏性和高维）给下游的计算分析提出了很大的挑战。常规的 scATAC-seq 数据分析都包括数据预处理、数据降维、数据聚类三个主要步骤。比如数据预处理步骤便是单细胞数据标准化中的关键步骤，是所有下游分析与建模的基础。传统批量测序（bulk）的很多数据标准化的方法在单细胞数据这里并不适用。研究者们根据单细胞数据的特征和分布，提出了一些特有的标准化方法。比如针对 scATAC-seq 数据的高维度和稀疏性，TF-IDF 转换[177]，一个在自然语言处理领域常用的技巧，经常用于 scATAC-seq 数据的预处理，其特点便是可以将离散数据转化为连续数据，并且增加出现频次比较少的峰（peak）的重要性程度。在数据降维这一主要步骤上，主流的方法都会使用传统的数据降维算法，如 PCA 或者 SVD 分解。这些常用的降维方法往往在单细胞数据的降维上有一个较为稳定和鲁棒的结果，因此使用较为广泛。而在数据聚类这一关键性步骤上，大量的方法都是采用已有的聚类算法，比如 K-means、层次聚类算法等。另外也有一些基于图模型的算法在一些单细胞数据集上取得了比较好的效果，比如 Satija[178] 使用了基于共享近邻（shared nearest neighbor，SNN）的方法来稳定识别细胞类型。最近也有文献[179] 指出一些基于社区检测（community detection）的聚类方法（比如 Louvain[180]）在单细胞数据的聚类上表现要优于 K-means 等传统方法。另外有不少工作使用矩阵分解的框架来分析多组学的单细胞数据[181-182]，也取得了一定程度的成功。

这些已有的方法在方法学上通常具有两点局限性：① 大部分的方法或者处理流程（pipeline）都将数据降维与数据聚类两个关键步骤割裂开来，一般会先使用一种方式（比如 PCA）得到数据的低维表示，随后利用独立的聚类算法（比如 K-means）进行数据聚类。这种割裂的处理方法会导致数据降维过程中获取的信息无法充分被数据聚类所利用。② 大部分方法的可扩展性都非常有限，仅仅能使用几百、上千的细胞数目，而随着单细胞技术的逐步发展，测序通量逐渐增加，一次实验获得几十万细胞甚至上百万个细胞也成为可能[183]。这对模型的可扩展性提出了非常高的要求，传统基于矩阵分解等思路的方法则在计算性能上具有一定的局限性。

本章的主要内容是从概率密度估计的角度提出了一种通用性的模型 Roundtrip，首次将概率密度估计的思路应用到单细胞分析中，从而提出了单细胞染色质开放性数据分析的 scDEC 模型。这是一种基于循环对抗生成式网络的单细胞 ATAC-seq 分析的计算工具。scDEC 建立在一对生成对抗网络（GAN）上，能够同时学习潜在表示并推断细胞标记。在一系列实验中，scDEC 在跨多个数据集和实验设置的 scATAC-seq 分析中展示了优于其他方法的性能。在下游应用中，我们展示了 scDEC 的生成能力有助于推断分化过程中细胞的轨迹和中间状态，而 scDEC 所学到的潜在特征可以潜在地揭示生物细胞类型和细胞内类型的变异。结果还表明，有可能扩展 scDEC 用于多模式单细胞数据的综合分析。

scDEC 模型的理论基础依赖于深度生成式模型的通用性密度估计框架（Roundtrip），这套通用性的密度估计模型 Roundtrip 具有较为严格的统计理论基础与数学证明，在监督学习、非监督学习等机器学习任务中具有广泛的应用前景。scDEC 模型则可看作 Roundtrip 模型在非监督学习的机器学习领域及单细胞分析领域的成功应用，不同于以往单细胞数据分析模型将降维与聚类分隔开来，scDEC 模型首次将细胞的低维表示学习和聚类这两个任务耦合在了一起，在模型训练的过程中会共同优化这两个任务，细胞低维表示的结果会被用作反馈，为聚类任务提供一定的信息。

本章通过介绍通用密度估计模型 Roundtrip 及分析单细胞染色质开放性的 scDEC 模型，将通用性的统计、人工智能技术应用到非监督学习、单细胞数据的分析上，为传统单细胞数据的分析和处理提供了一种新的解决方案。本章整体研究体现了“模型迁移”的研究特色。

4.2　研究背景与动机

整个基因组中染色质开放性的信号反映了基因调节的表观遗传的图谱[42,155]。随着单细胞技术的最新发展，利用单细胞测序技术获取单个细胞的表观遗传信号变得可行[184]。特别是单细胞 ATAC-seq（scATAC-seq）是研究单细胞水平上种群之间和种群内染色质开放性变化及异质性的有效方法[59-60]。然而，由于高维度（数十万个可能的峰值区域）和数据的高度稀疏性（每个细胞仅检测到 1%～10%的峰值区域），对 scATAC-seq 的数据分析提出了独特的挑战[179]。

研究者们已经提出了几种计算方法来解决 scATAC-seq 数据分析所面临的挑战。scABC 根据不同读段的数量估算细胞的重量，并应用加权的 k-medoids 聚类方法来推断细胞类型[86]。cisTopic 应用潜在狄利克雷分配（LDA）作为概率模型，通过同时优化主题细胞概率和区域–主题概率来识别富含不同细胞的顺式调控主题[85]。Cusanovich 等提出了一种 scATAC-seq 数据的分析流程，该分析流程可以迭代式地执行“频率逆文档频率变换”（TF-IDF）和“奇异值分解”（SVD），以获得 scATAC-seq 数据的低维表示形式[89]。Scasat 引入了另一种基于 Jaccard 相似性度量和多维缩放（MDS）的 scATAC-seq 数据分析流程，以减少 scATAC 数据中的高维度[87]。SnapATAC 方法则是将基因组分成大小相等的条带（bin），并建立条带细胞的二进制计数矩阵，然后应用主成分分析（PCA）来减小尺寸[90]。最近，深度生成模型已经成为表示学习和数据生成的强大框架[185-186]。一种最近开发的方法 SCALE 利用变分自动编码器（VAE）来学习 scATAC-seq 数据的潜在特征（latent feature），然后默认使用 K 均值对潜在特征进行聚类[88]。

在这里，提出了一种通过同时学习细胞的深度嵌入和聚类的无监督学习模型来分析 scATAC-seq 数据的新方法，将其命名为 scDEC 的方法。该模型由一对生成对抗网络（GAN）组成。这种对称且配对的 GAN 架构最近已成功应用于图像样式转换[187] 和密度估计[188]。将这种体系结构用于无监督聚类的新任务中，并将其应用于单细胞基因组数据的分析。与上面讨论的所有当前方法不同，在传统方法中，通常需要使用外部方法（如 K-means）对潜在特征进行聚类，而在我们的方法中，细胞聚类过程是由神经网络直接建模的。因此，在训练过程中将共同优化细胞聚类和潜在特征表示学习。换句话说，scDEC 可以同时学习潜在特征和细胞聚类。在一系列实验中证明了这种方法的优势，其中 scDEC 显示出优于竞争方法的优势。我们还说明了 scDEC 在 scATAC-seq 分析中的几个下游应用，包括轨迹推断、供体效应去除和潜在特征解释。最后，将 scDEC 扩展到多模式单细胞分析，并在实际数据示例中证明其有效性。

4.3 基于循环对抗生成式网络的概率密度估计模型 Roundtrip

在正式介绍 scDEC 模型前，首先从概率密度估计的角度对循环对抗生成式网络的统计理论基础进行深入研究，并提出了具有通用性的概率密度估计模型 Roundtrip。Roundtrip 模型是一种基于循环对抗生成式网络一般性密度估计的方法。具体而言，提出了两种策略来对具有独立同分布（i.i.d）的数据进行密度估计。第一种策略是基于重要性采样的方法（importance sampling），给出了对密度估计样本点的一种高效采样与计算密度值的方法。另一种策略是基于拉普拉斯近似（Laplace approximation）的方法，这种方法计算更为直接，我们还通过严格的数学推导提供了解析解（closed-form）用于直接计算密度值。Roundtrip 在一系列的密度估计实验中都优于已有的方法，显示出了深度生成式模型在传统统计学问题密度估计上的优势，同时也为 scDEC 模型的提出建立了充足的统计理论基础。因此有必要将 Roundtrip 模型简要介绍。

4.3.1　概率密度估计的建模与求解方法

1. 问题定义

概率密度估计是统计与机器学习领域中最为基本的问题之一。假设 $p(\cdot)$ 为 n 维欧氏空间 $\mathcal{X}$ 上的密度函数。概率密度估计的任务是根据一组独立同分布（i.i.d）的数据点 $\{\boldsymbol{x}_i\}_{i=1}^N$ 来估计密度 $p(\cdot)$。

传统的密度估算器，如直方图[189-190] 和核密度估算（KDE）[191-192] 通常仅在低维度上表现良好（n 很小）。近年来，基于神经网络的密度估计方法逐渐流行，神经网络密度估计器大致可以分为两类：基于自回归模型（autoregressive model）[193-195] 及基于标准化流（normalizing flows）[196-198] 的方法。而有研究[199] 显示这些方法的基本思路均可以归纳为一个通用性的框架，即建立一个 n 维空间到 n 维空间可逆的映射 $G:\mathbb{R}^n\rightarrow\mathbb{R}^n$，利用已知的密度函数 $p_{\boldsymbol{z}}(\boldsymbol{z})$ 及上述的映射函数 $\boldsymbol{x}=G(\boldsymbol{z})$，那么根据复合函数概率密度公式，$\boldsymbol{x}$ 的密度函数 $p_{\boldsymbol{x}}(\boldsymbol{x})$ 可表示为

$$p_{\boldsymbol{x}}(\boldsymbol{x})=p_{\boldsymbol{z}}(\boldsymbol{z})|\det(\mathbf{J}_z)|^{-1} \tag{4.1}$$

其中，$\mathbf{J}_z=\dfrac{\partial G(\boldsymbol{z})}{\partial \boldsymbol{z}^{\mathrm{T}}}$ 为 $G(\cdot)$ 在 $\boldsymbol{z}$ 处的雅克比矩阵。上述已有的神经网络密度估计器具有很多方面的局限性，比如雅克比矩阵行列式必须易求、隐空间 $\boldsymbol{z}$ 与数据空间 $\boldsymbol{x}$ 维度必须相同，这使得上述神经网络密度估计模型在设计网络结构时具有非常大的限制，从而在一定程度上影响了其模型表现性能。

2. 概率密度估计建模

为了克服上述已有神经网络密度估计方法的限制，提出了基于循环对抗生成式网络的 Roundtrip 模型，与以前的神经网络密度估计器相比，Roundtrip 模型需要非常少的模型假设。Roundtrip 与以往的神经网络密度估计器最大的差别体现在两点上：第一，Roundtrip 模型允许直接使用深度生成网络来建模从潜在变量空间到数据空间的转换，而以前的神经网络密度估计器仅使用神经网络来表示用于构建可逆转换的组件函数。第二，Roundtrip 模型使用了流行学习的思路，从而可以有效地对集中在流形附近的数据密度进行估计与建模，这是以前的方法难以实现的，因为以前的方法需要潜在空间具有与数据空间相同的维数，而 Roundtrip 模型则打破了这一重要限制。Rountrip 模型的核心思路是引入两个函数 $G(\cdot)$、$H(\cdot)$ 完成隐空间到数据空间的双向映射。两个函数 $G(\cdot)$、$H(\cdot)$ 分别由神经网络 G 和 H 来表示（图 4.1）。另外也引入了 D_z 与 D_x 模型作为辅助训练。训练好四个网络后，采用离线（offline）算法来求解概率密度。

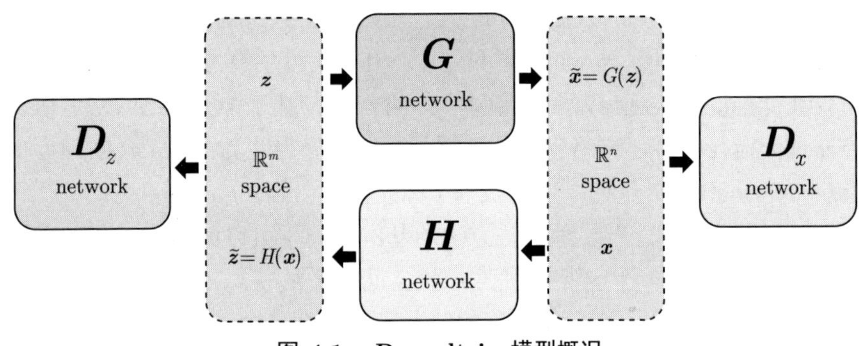

图 4.1 Roundtrip 模型概况

设定隐空间随机变量 $\boldsymbol{z} \in \mathbb{R}^m$ 服从标准多元正态分布 $p_{\boldsymbol{z}}(\boldsymbol{z}) = \left(\frac{1}{\sqrt{2\pi}}\right)^m \mathrm{e}^{-\frac{\|\boldsymbol{z}\|_2^2}{2}}$，$G(\cdot)$、$H(\cdot)$ 网络的输出分别记为 $G(\boldsymbol{z}) = \tilde{\boldsymbol{x}}$、$H(\boldsymbol{x}) = \tilde{\boldsymbol{z}}$，分别代表数据空间和隐空间生成数据。通过生成对抗式训练，希望 $\boldsymbol{x}$ 与 $\tilde{\boldsymbol{x}}$，以及 $\boldsymbol{z}$ 与 $\tilde{\boldsymbol{z}}$ 尽可能有相同的概率分布。在概率密度估计中唯一假设是前向映射 $G(\cdot)$ 误差服从高斯分布：

$$\boldsymbol{x} = \tilde{\boldsymbol{x}} + \boldsymbol{\epsilon}, \epsilon_i \sim N(0, \sigma^2) \tag{4.2}$$

通常设定 $m < n$,这意味着 $\tilde{\boldsymbol{x}}$ 是从一个本征维数为 m 的 $\mathbb{R}^n$ 流形(manifold)上取值。基于模型假设式 (4.2)，有 $p_{\boldsymbol{x}|\boldsymbol{z}}(\boldsymbol{x}|\boldsymbol{z})=\left(\frac{1}{\sqrt{2\pi}\sigma}\right)^n \mathrm{e}^{-\frac{\|\boldsymbol{x}-G(\boldsymbol{z})\|_2^2}{2\sigma^2}}$，目标密度函数则可表示为

$$p_{\boldsymbol{x}}(\boldsymbol{x}) = \int p_{\boldsymbol{x}|\boldsymbol{z}}(\boldsymbol{x}|\boldsymbol{z})p_{\boldsymbol{z}}(\boldsymbol{z})\mathrm{d}\boldsymbol{z} = \left(\frac{1}{\sqrt{2\pi}}\right)^{m+n} \sigma^{-n} \int \mathrm{e}^{-\frac{v(\boldsymbol{x},\boldsymbol{z})}{2}} \mathrm{d}\boldsymbol{z} \tag{4.3}$$

其中，$v(\boldsymbol{x},\boldsymbol{z}) = \|\boldsymbol{z}\|_2^2 + \sigma^{-2}\|\boldsymbol{x} - G(\boldsymbol{z})\|_2^2$，对 $\boldsymbol{x}$ 的密度估计转化为了对式 (4.3) 的积分问题。接下来提供了基于重要性采样及拉普拉斯近似的两种方案对式 (4.3) 求解。

3. 概率密度估计求解

基于重要性采样的密度估计求解。对式 (4.3) 最简单的数值求解方法是直接利用经验期望 $\frac{1}{N}\sum\limits_{i=1}^{N} p_{\boldsymbol{x}|\boldsymbol{z}}(\boldsymbol{x}|\boldsymbol{z}_i)$，其中 $\boldsymbol{z}_i \sim p_z(\boldsymbol{z})$。这种简单的估计方式由于 $p(\boldsymbol{x}|\boldsymbol{z})$ 在服从 $p_z(\boldsymbol{z})$ 分布的 $\boldsymbol{z}_i$ 处取值非常小，而在实际采用中非常低效。因此提出了重要性采样的思路，从构造的重要性分布 $q(\boldsymbol{z})$ 中来采样 $\boldsymbol{z}_i$:

$$p^{IS}(\boldsymbol{x}) = \frac{1}{N}\sum_{i=1}^{N} p_{\boldsymbol{x}|\boldsymbol{z}}(\boldsymbol{x}|\boldsymbol{z}_i^q)w(\boldsymbol{z}_i^q) \tag{4.4}$$

其中，N 是采样样本大小，$w(\boldsymbol{z}) = \dfrac{p(\boldsymbol{z})}{q(\boldsymbol{z})}$ 是采样权重函数，$\{\boldsymbol{z}_i^q\}_{i=1}^N$ 是从分布 $q(\boldsymbol{z})$ 中采样的 i.i.d 样本。将重要性分布 $q(\boldsymbol{z})$ 设置为学生 t-分布，并且分布中心由 $\tilde{z} = H(\boldsymbol{x})$ 决定。这样采样效率会大幅提高，从而得到对式 (4.3) 更为精确的数值求解。

基于拉普拉斯近似的密度估计求解。提供了另外一种基于拉普拉斯近似的密度估计的思路。首先，考虑到神经网络的可微分性质，对 $G(\boldsymbol{z})$ 进行二次近似从而得到 $v(\boldsymbol{x},\boldsymbol{z})$ 的逼近：

$$\boldsymbol{x} - G(\boldsymbol{z}) \approx \boldsymbol{x} - G(\tilde{\boldsymbol{z}}) - \nabla G(\tilde{\boldsymbol{z}})(\boldsymbol{z} - \tilde{\boldsymbol{z}}) \tag{4.5}$$

其中，$\nabla G(\tilde{\boldsymbol{z}}) \in \mathbb{R}^{n\times m}$ 为 $G(\cdot)$ 在 $\tilde{\boldsymbol{z}}$ 处的雅克比矩阵。将式 (4.5) 代入

$\|\boldsymbol{x}-G(\boldsymbol{z})\|_2^2$，得到：

$$\begin{aligned}\|\boldsymbol{x}-G(\boldsymbol{z})\|_2^2 &= (\boldsymbol{x}-G(\boldsymbol{z}))^{\mathrm{T}}(\boldsymbol{x}-G(\boldsymbol{z}))\\ &= \|\boldsymbol{x}-G(\tilde{\boldsymbol{z}})\|_2^2 - 2(\boldsymbol{x}-G(\tilde{\boldsymbol{z}}))^{\mathrm{T}}\nabla G(\tilde{\boldsymbol{z}})(\boldsymbol{z}-\tilde{\boldsymbol{z}})+\\ &\quad (\boldsymbol{z}-\tilde{\boldsymbol{z}})^{\mathrm{T}}\nabla G^{\mathrm{T}}(\tilde{\boldsymbol{z}})\nabla G(\tilde{\boldsymbol{z}})(\boldsymbol{z}-\tilde{\boldsymbol{z}})\end{aligned}\tag{4.6}$$

接下来，做如下的变量替换：

$$\begin{cases}\boldsymbol{A}=\nabla G^{\mathrm{T}}(\tilde{\boldsymbol{z}})\nabla G(\tilde{\boldsymbol{z}}) & \in\mathbb{R}^{m\times m}\\ \boldsymbol{b}=\nabla G^{\mathrm{T}}(\tilde{\boldsymbol{z}})(\boldsymbol{x}-G(\tilde{\boldsymbol{z}})) & \in\mathbb{R}^{m}\\ \boldsymbol{w}=\boldsymbol{z}-\tilde{\boldsymbol{z}} & \in\mathbb{R}^{m}\\ \lambda=\sigma^{-2}\end{cases}\tag{4.7}$$

将式 (4.6) 和式 (4.7) 代入式 (4.3) 中的 $v(\boldsymbol{x},\boldsymbol{z})$，那么可以得到：

$$\begin{aligned}v(\boldsymbol{x},\boldsymbol{z}) = \tilde{v}(\boldsymbol{x},\boldsymbol{w}) &= \|\boldsymbol{w}\|_2^2 + 2\boldsymbol{w}^{\mathrm{T}}\tilde{\boldsymbol{z}} + \|\tilde{\boldsymbol{z}}\|_2^2 +\\ &\quad \lambda(\|\boldsymbol{x}-G(\tilde{\boldsymbol{z}})\|_2^2 - 2\boldsymbol{b}^{\mathrm{T}}\boldsymbol{w} + \boldsymbol{w}^{\mathrm{T}}\boldsymbol{A}\boldsymbol{w})\\ &= \boldsymbol{w}^{\mathrm{T}}(\boldsymbol{I}+\lambda\boldsymbol{A})\boldsymbol{w} - 2(\lambda\boldsymbol{b}-\tilde{\boldsymbol{z}})^{\mathrm{T}}\boldsymbol{w} + c_1(\boldsymbol{x})\end{aligned}\tag{4.8}$$

其中，$\boldsymbol{I}\in\mathbb{R}^{m\times m}$ 为 m 维单位矩阵，$c_1(\boldsymbol{x})=\|\tilde{\boldsymbol{z}}\|_2^2+\lambda\|\boldsymbol{x}-G(\tilde{\boldsymbol{z}})\|_2^2$。

这个时候式 (4.3) 中关于 $\boldsymbol{z}$ 的积分可以通过构造一个多元高斯分布而转化为对 $\boldsymbol{w}$ 的积分。

$$\begin{aligned}\int \mathrm{e}^{-\frac{v(\boldsymbol{x},\boldsymbol{z})}{2}}\mathrm{d}\boldsymbol{z} = \int \mathrm{e}^{-\frac{\tilde{v}(\boldsymbol{x},\boldsymbol{w})}{2}}\mathrm{d}\boldsymbol{w} &= \int \mathrm{e}^{-\frac{(\boldsymbol{w}-\boldsymbol{\mu})^{\mathrm{T}}\boldsymbol{\Sigma}^{-1}(\boldsymbol{w}-\boldsymbol{\mu})+c_2(\boldsymbol{x})}{2}}\mathrm{d}\boldsymbol{w}\\ &= \mathrm{e}^{-\frac{c_2(\boldsymbol{x})}{2}}\int \mathrm{e}^{-\frac{(\boldsymbol{w}-\boldsymbol{\mu})^{\mathrm{T}}\boldsymbol{\Sigma}^{-1}(\boldsymbol{w}-\boldsymbol{\mu})}{2}}\mathrm{d}\boldsymbol{w}\\ &= \mathrm{e}^{-\frac{c_2(\boldsymbol{x})}{2}}\sqrt{(2\pi)^m\det(\boldsymbol{\Sigma})}\end{aligned}\tag{4.9}$$

其中，$c(\boldsymbol{x})=c_1(\boldsymbol{x})-\boldsymbol{\mu}^{\mathrm{T}}\boldsymbol{\Sigma}^{-1}\boldsymbol{\mu}$, $\det(\boldsymbol{\Sigma})$ 表示协方差矩阵的行列式，所构造的多元高斯分布的参数为

$$\begin{cases}\boldsymbol{\Sigma}=(\boldsymbol{I}+\lambda\boldsymbol{A})^{-1}\\ \boldsymbol{\mu}=\boldsymbol{\Sigma}(\lambda\boldsymbol{b}-\tilde{\boldsymbol{z}})\end{cases}\tag{4.10}$$

最后将式 (4.9) 代入式 (4.3) 可以得到关于 $\boldsymbol{x}$ 密度函数的封闭解：

$$p^{LP}(\boldsymbol{x}) = \left(\frac{1}{\sqrt{2\pi}}\right)^n \sigma^{-n}\sqrt{\det(\boldsymbol{\Sigma})}\mathrm{e}^{-\frac{c(\boldsymbol{x})}{2}} \tag{4.11}$$

其中，$\boldsymbol{\Sigma} = (\boldsymbol{I} + \sigma^{-2}\mathbf{J}_{\tilde{\boldsymbol{z}}}^{\mathrm{T}}\mathbf{J}_{\tilde{\boldsymbol{z}}})^{-1} \in \mathbb{R}^{m\times m}$，$\mathbf{J}_{\tilde{\boldsymbol{z}}} \in \mathbb{R}^{n\times m}$ 是 $G(\boldsymbol{z})$ 在 $\tilde{\boldsymbol{z}}$ 处的雅可比矩阵，$c(\boldsymbol{x}) = \|H(\boldsymbol{x})\|_2^2 + \sigma^{-2}\|\boldsymbol{x} - G(H(\boldsymbol{x}))\|_2^2$。至此，推导出了基于拉普拉斯近似的概率密度估计建模。

4. Roundtrip 概率密度估计通用性证明

我们发现已有模型神经网络所依赖的复合函数概率密度公式 (4.1) 可以看作 Roundtrip 模型在拉普拉斯近似的密度估计框架中的一种特殊情况。当且仅当三个条件得到满足：$m = n$，$H(\cdot) = G^{-1}(\cdot)$，$\sigma \to 0$。证明如下：首先将 $\boldsymbol{x}$ 密度函数表达式 (4.11) 改写为

$$\begin{aligned} p(\boldsymbol{x}) &= \left(\frac{1}{\sqrt{2\pi}}\right)^n \sigma^{-n}\sqrt{\det((\boldsymbol{I} + \sigma^{-2}\boldsymbol{A})^{-1})}\mathrm{e}^{-\frac{c_2(\boldsymbol{x})}{2}} \\ &= \left(\frac{1}{\sqrt{2\pi}}\right)^n \sigma^{-n}\sqrt{\det(\sigma^2(\boldsymbol{A} + \sigma^2\boldsymbol{I})^{-1})}\mathrm{e}^{-\frac{c_2(\boldsymbol{x})}{2}} \\ &= \left(\frac{1}{\sqrt{2\pi}}\right)^n \sigma^{-n}\sqrt{\sigma^{2m}\det((\boldsymbol{A} + \sigma^2\boldsymbol{I})^{-1})}\mathrm{e}^{-\frac{c_2(\boldsymbol{x})}{2}} \\ &= \left(\frac{1}{\sqrt{2\pi}}\right)^n \sigma^{m-n}\sqrt{\det((\boldsymbol{A} + \sigma^2\boldsymbol{I})^{-1})}\mathrm{e}^{-\frac{c_2(\boldsymbol{x})}{2}} \end{aligned} \tag{4.12}$$

其中，当 $m = n$ 以及 $H(\cdot) = G^{-1}(\cdot)$ 时，有 $x - G(\tilde{z}) = \boldsymbol{x} - G(H(\boldsymbol{x})) = \boldsymbol{x} - G(G^{-1}(\boldsymbol{x})) = \boldsymbol{0}, \boldsymbol{b} = \nabla G^{\mathrm{T}}(\tilde{\boldsymbol{z}})(\boldsymbol{x} - G(\tilde{\boldsymbol{z}})) = \boldsymbol{0}, \boldsymbol{\mu} = \boldsymbol{\Sigma}(\lambda\boldsymbol{b} - \tilde{z}) = -\boldsymbol{\Sigma}\tilde{\boldsymbol{z}}$ 及 $c_2(\boldsymbol{x}) = \|\tilde{\boldsymbol{z}}\|_2^2 - \sigma^2\tilde{\boldsymbol{z}}^{\mathrm{T}}(\boldsymbol{A} + \sigma^2\boldsymbol{I})^{-1}\tilde{\boldsymbol{z}}$。最后取极限 $\sigma \to 0$，可以得到 $\lim\limits_{\sigma\to 0} c_2(\boldsymbol{x}) = \|\tilde{\boldsymbol{z}}\|_2^2$ 及

$$\begin{aligned} \lim_{\sigma\to 0}\sqrt{\det((\boldsymbol{A} + \sigma^2\boldsymbol{I})^{-1})} &= \sqrt{\det((\boldsymbol{A})^{-1})} = \sqrt{\det((\mathbf{J}_{\tilde{\boldsymbol{z}}}^{\mathrm{T}}\mathbf{J}_{\tilde{\boldsymbol{z}}})^{-1})} \\ &= \sqrt{\det(\mathbf{J}_{\tilde{\boldsymbol{z}}}^{-\mathrm{T}}\mathbf{J}_{\tilde{\boldsymbol{z}}}^{-1})} = |\det(\mathbf{J}_{\tilde{\boldsymbol{z}}}^{-1})| = \left|\det\left(\frac{\partial G(\tilde{\boldsymbol{z}})}{\partial \tilde{\boldsymbol{z}}^{\mathrm{T}}}\right)\right|^{-1} \end{aligned} \tag{4.13}$$

于是当 m=n 及 $H(\cdot) = G^{-1}(\cdot)$ 时，有

$$\lim_{\sigma \to 0} p(\boldsymbol{x}) = \left(\frac{1}{\sqrt{2\pi}}\right)^n \mathrm{e}^{-\frac{\|\tilde{\boldsymbol{z}}\|_2^2}{2}} \left|\det\left(\frac{\partial G(\tilde{\boldsymbol{z}})}{\partial \tilde{\boldsymbol{z}}^{\mathrm{T}}}\right)\right|^{-1} = p(\tilde{\boldsymbol{z}}) \left|\det\left(\frac{\partial G(\tilde{\boldsymbol{z}})}{\partial \tilde{\boldsymbol{z}}^{\mathrm{T}}}\right)\right|^{-1} \tag{4.14}$$

因而证明了在满足三个条件 $m = n$，$H(\cdot) = G^{-1}(\cdot)$，$\sigma \to 0$ 时，已有的神经网络密度估计模型所依赖的复合函数密度估计公式则成为 Roundtrip 模型在拉普拉斯密度估计框架下的特例。

4.3.2 概率密度估计模型的迁移

在 Roundtrip 的工作中，通过一系列仿真实验及真实数据实验来阐述 Roundtrip 在概率密度估计问题上的优异表现，从而从统计的角度论证了循环对抗生成式网络模型的理论基础。对于 Roundtrip 模型，scDEC 模型主要做了以下三个方面的改动。第一，在 H 网络的最后一层的一部分节点加了一个 softmax 函数，其中连接到 softmax 的节点数目刚好等于需要聚类的类别数目，这样 H 网络起到了两个作用，一方面将单细胞数据从数据空间映射到潜在空间（latent space），另一方面利用 softmax 估计聚类的类别，所以经过如此的改动，scDEC 会同时进行数据的表示学习与聚类。第二，在潜在空间额外地引入了离散变量 $\boldsymbol{c}$ 用于 G 网络的条件生成（conditional generation），这个离散变量 $\boldsymbol{c}$ 符合多项分布，分别代表不同聚类的类别信息，离散变量 $\boldsymbol{c}$ 会以独热编码（one-hot）的形式与服从标准多元高斯分布的潜在空间连续变量 $\boldsymbol{z}$ 一起输入 G 网络。第三，损失函数中除考虑连续变量的“往返误差”损失外，还额外地引入了离散变量的“往返误差”损失，具体由交叉熵的形式来进行计算，即希望通过 G 网络条件生成的数据再经过 H 网络进行类别推断的结果仍然与离散变量 $\boldsymbol{c}$ 原采样结果尽可能接近。

Roundtrip 模型在一系列仿真及真实数据的密度估计实验中取得的优异性能，说明 Roundtrip 的模型所使用的循环对抗生成式网络模型架构能够学习到良好的数据分布特征，并准确地显式估计数据的密度值，这为 scDEC 模型很好地学习单细胞数据分布、生成缺失数据建立了坚实的统计理论基础。

4.4 解析单细胞染色质开放性的 scDEC 模型

4.4.1 scDEC 模型设计架构

scDEC 由两个 GAN 模型组成，用于在潜在空间（latent space）和数据空间之间进行转换（图 4.2）。在将 scATAC-seq 数据输入 scDEC 模型之前，首先需要通过 TF-IDF 转换和 PCA 尺寸减小对其进行预处理。假设输入的 scATAC-seq 数据包含 K 个细胞类型，则引入连续的潜在变量 $\boldsymbol{z}$ 和离散的潜在变量 $\boldsymbol{c}$，其中 $\boldsymbol{z} \sim N(0, \boldsymbol{I})$ 和 $\boldsymbol{c} \sim \text{Cat}(K, \boldsymbol{w})$。如果 K 未知，还提供了一种估计细胞类型数量的方法。在给定编码样式（$\boldsymbol{z}$）和指示的类别标签（$\boldsymbol{c}$）的情况下，通过 G 网络进行的正向变换可以视为条件生成的过程。通过 H 网络的反向变换旨在将数据点 $\boldsymbol{x}$ 编码到潜在空间并同时推断聚类标签。如果假设 H 网络的最后一层包含 m 个节点（$m > K$），则 $\tilde{\boldsymbol{z}}$ 表示前 $m-K$ 个节点的输出，而 $\tilde{\boldsymbol{c}}$ 表示具有附加 softmax 函数的其余 K 个节点的输出。D_x 和 D_z 是两个鉴别器网络，分别用于将数据 $\tilde{\boldsymbol{x}}$ 和 $\tilde{\boldsymbol{z}}$ 的分布与数据分布和潜在变量分布进行匹配。（G, D_x）和（H, D_z）可以看作两个共同训练的 GAN 模型。G 和 H 网络每个都包含 10 个完全连接层，而 D_x 和 D_z 每个网络都具有两个完全连接层。请注意，类别分布中的权重 $\boldsymbol{w}$ 也会根据 $\tilde{\boldsymbol{c}}$ 对推断出的类别标签的反馈，通过更新策略自动学习。在模型训练之后，基于 $\tilde{\boldsymbol{c}}$ 推断聚类标签。H 网络最后一层的输出与 $\tilde{\boldsymbol{z}}$ 和 $\tilde{\boldsymbol{c}}$ 组合（在 softmax 之前），用于下游分析，例如，数据可视化和轨迹分析。

1. scDEC 网络架构

scDEC 中的所有网络均由完全连接层组成。G 网络包含 10 个全连接层，每个隐藏层具有 512 个节点，而 H 网络包含 10 个全连接层，每个隐藏层具有 256 个节点。D_x 和 D_z 都包含 2 个完全连接层，并且在隐藏层中包含 256 个节点。批处理规范化[162] 用于判别器网络。

2. 类别分布的更新

提出了一种策略来自适应式地更新 $\text{Cat}(K, \boldsymbol{w})$ 中的参数 $\boldsymbol{w}$。更新的频率是每训练 100 个批次的样本更新一次。具体的更新见图 4.3。其基本的思想是设定一个最低类别比例 ϵ。对通过 H 网络推断的类别分布概率做一个动态调整，并将此类别分布概率用于潜在空间 $\boldsymbol{c}$ 的生成模型 $\text{Cat}(K, \boldsymbol{w})$ 中。

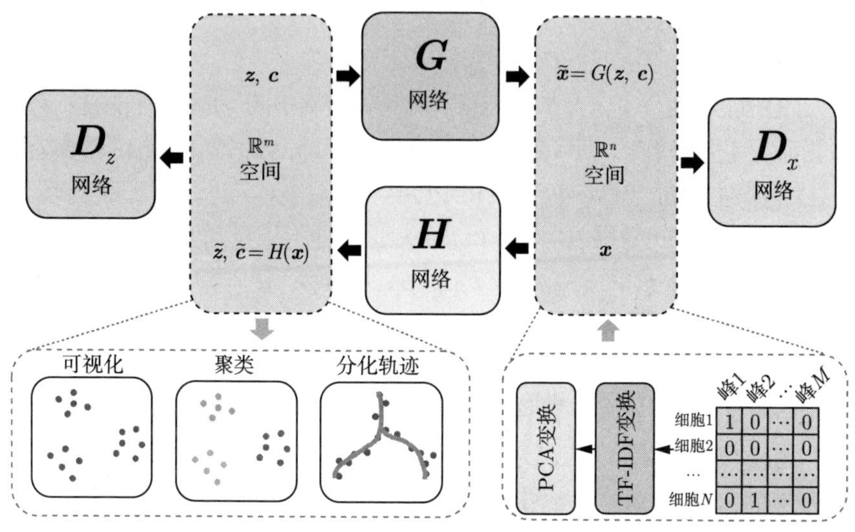

图 4.2 scDEC 模型概况

算法 自适应更新类别分布 $\boldsymbol{w}$

输入: $\boldsymbol{w}^{(t)}$, $\{\tilde{\boldsymbol{c}}_i | i=1, 2, \cdots, N\}$, $r=0.2$, $\epsilon=0.02$;
输出: $\boldsymbol{w}^{(t+1)}$;
For $k \leftarrow 1$ to K **do**

$$\boldsymbol{w}^{\text{esk}}(k) = \sum_{i=1}^{N} I(\operatorname{argmax}(\tilde{\boldsymbol{c}}_i) = k)/N;$$

end
$\boldsymbol{w}^{(t+1)} \leftarrow \mathrm{r}\boldsymbol{w}^{(t)} + (1-r)\boldsymbol{w}^{\text{esk}}$
For $k \leftarrow 1$ to K **do**
  if $\boldsymbol{w}^{(t+1)}(k) < \epsilon$ **then**

$$\boldsymbol{w}^{(t+1)}(k) \leftarrow U\left(\epsilon, \frac{1}{K}\right);$$

  end
end
$\boldsymbol{w}^{(t+1)} \leftarrow \boldsymbol{w}^{(t+1)}/\text{sum}(\boldsymbol{w}^{(t+1)})$;

图 4.3 自适应类别分布的更新策略

3. 代码开放性

scDEC 是一个基于 TensorFlow[200] 的开源软件。源代码可以从 https://github.com/kimmo1019/scDEC 进行下载。同时，也提供了不同数据集的预训练模型。

4.4.2　模型的对抗式训练

scDEC 模型由两个 GAN 模型组成。对于由 G 及 D_x 网络组成的前向 GAN 而言，G 网络旨在在给定标签信息 $\boldsymbol{c}$ 的条件下去生成样本 $\{\tilde{\boldsymbol{c}}_i\}_{i=1}^N$，希望生成的这些样本与观测数据 $\{\boldsymbol{c}_i\}_{i=1}^N$ 具有尽可能相似的分布，而判别器 D_x 尝试区分生成的样本（负）及观察数据（正）。由 H 与 D_z 网络组成的反向 GAN 旨在将数据从数据空间转换到潜在空间。鉴别器可以视为二值分类器，其中输入数据点将被断言为正（1）或负（0）。将 WGAN-GP[201] 用作 GAN 实现的具体框架，其中鉴别器的梯度损失将被视为额外的损失项。在训练过程中定义了以上四个神经网络（G，H，D_x 和 D_z）的损失函数，如式 (4.15) 所示：

$$\begin{cases} \mathcal{L}_{\mathrm{GAN}}(G) = -\mathbb{E}_{\boldsymbol{z}\sim p(\boldsymbol{z}),\boldsymbol{c}\sim \mathrm{Cat}(K,\boldsymbol{w})}[D_x(G(\boldsymbol{z},\boldsymbol{c}))] \\ \mathcal{L}_{\mathrm{GAN}}(D_x) = -\mathbb{E}_{\boldsymbol{x}\sim p(\boldsymbol{x})}[D_x(\boldsymbol{x})] + \mathbb{E}_{\boldsymbol{z}\sim p(\boldsymbol{z}),\boldsymbol{c}\sim \mathrm{Cat}(K,\boldsymbol{w})}[D_x(G(\boldsymbol{z},\boldsymbol{c}))]+ \\ \qquad \lambda\mathbb{E}_{\hat{\boldsymbol{x}}\sim\hat{p}(\hat{\boldsymbol{x}})}[(\|\nabla_{\hat{\boldsymbol{x}}}D_x(\hat{\boldsymbol{x}})\|_2-1)^2] \\ \mathcal{L}_{\mathrm{GAN}}(H) = -\mathbb{E}_{\boldsymbol{x}\sim p(\boldsymbol{x})}[D_z(H(\boldsymbol{x}))] \\ \mathcal{L}_{\mathrm{GAN}}(D_z) = -\mathbb{E}_{\boldsymbol{z}\sim p(\boldsymbol{z})}[D_z(\boldsymbol{z})] + \mathbb{E}_{\boldsymbol{x}\sim p(\boldsymbol{x})}D_z[H(\boldsymbol{x})]+ \\ \qquad \lambda\mathbb{E}_{\overline{\boldsymbol{z}}\sim\overline{p}(\overline{\boldsymbol{z}})}[(\|\nabla_{\overline{\boldsymbol{z}}}D_z(\overline{\boldsymbol{z}})\|_2-1)^2] \end{cases} \tag{4.15}$$

其中，$p(\boldsymbol{z})$ 与 $\mathrm{Cat}(K,\boldsymbol{w})$ 分别代表了潜在空间连续变量 $\boldsymbol{z}$ 和离散变量 $\boldsymbol{c}$ 的分布。实际过程中，从 $p(\boldsymbol{x})$ 中采样 $\boldsymbol{x}$ 可以看作从独立同分布 (i.i.d) 的观测数据进行有放回的采样。$\hat{p}(\hat{\boldsymbol{x}})$ 代表从数据空间采样点 $\boldsymbol{x}$ 与 G 网络生成的样本点 $\tilde{\boldsymbol{x}}$ 两个数据点的任意线性差值所形成的概率空间。同样地，$\overline{p}(\overline{\boldsymbol{z}})$ 分别代表从潜在空间采样点 $\boldsymbol{z}$ 与 H 网络生成的样本点 $\tilde{\boldsymbol{z}}$ 两个数据点的任意线性差值所形成的概率空间。注意到最小化生成网络 G 的损失函数（$\mathcal{L}_{\mathrm{GAN}}(G)$）与最小化 D_x 网络的损失函数（$\mathcal{L}_{\mathrm{GAN}}(D_x)$）是相互矛盾的两项，所以 G 网络与 D_x 网络在训练的过程中会形成一个对抗的过程，G 网络倾向于生成质量足够高的样本来骗过 D_x 网络，与此同时，D_x 网络的判别能力也逐渐增强，倾向于能够判断模型所输入的样本是来自真实的数据还是生成的数据。这个对抗训练的过程在 H 网络与 D_z 网络中同样得以体现。λ 是 WGAN-GP 框架额外引入的惩罚项系数，在所有实验中均设定为 10。

1. Roundtrip 损失

在训练过程中，同样希望最小化“往返误差”，这个“往返误差”被定义为 $\rho((\boldsymbol{z},\boldsymbol{c}),H(G(\boldsymbol{z},\boldsymbol{c})))$。其中，连续变量 $\boldsymbol{z}$ 和离散变量 $\boldsymbol{c}$ 分别从 $p(\boldsymbol{z})$ 和 $\mathrm{Cat}(K,\boldsymbol{w})$ 中采样得到。“往返误差”设计的主要思路是希望一个数据点从数据空间到潜在空间经过一个往返变换后，仍然离这个数据点本身比较接近。在实际实验中，使用 l_2 损失来衡量连续变量的往返损失，使用交叉熵来衡量离散变量的往返损失，具体表示如下：

$$\begin{aligned}\mathcal{L}_{\mathrm{RT}}(G,H)=\alpha\left\|\boldsymbol{x}-G(H(\boldsymbol{x}))\right\|_2^2+\alpha\left\|\boldsymbol{z}-H_z(G(\boldsymbol{z},\boldsymbol{c}))\right\|_2^2+\\ \beta CE(\boldsymbol{c},H_c(G(\boldsymbol{z},\boldsymbol{c})))\end{aligned} \tag{4.16}$$

其中，α 和 β 是两个常系数，在实验中都被设定为 10。$H_z(\cdot)$ 与 $H_c(\cdot)$ 分别代表 H 网络的输出的连续部分与离散部分。$CE(\cdot)$ 代表交叉熵损失函数。

2. 完整的损失函数

将上述对抗训练的损失函数与往返损失函数结合到一起，从而可以得到 scDEC 模型最终的完整损失函数。把损失函数的项按照生成器和判别器进行分组归纳。其中生成器对应的损失函数可以记为 $\mathcal{L}(G,H)=\mathcal{L}_{\mathrm{GAN}}(G)+\mathcal{L}_{\mathrm{GAN}}(H)+\mathcal{L}_{\mathrm{RT}}(G,H)$，判别器对应的损失函数可以记为 $\mathcal{L}(D_x,D_z)=\mathcal{L}_{\mathrm{GAN}}(D_x)+\mathcal{L}_{\mathrm{GAN}}(D_x)$。希望能对两个 GAN 模型进行交替式训练，于是会分别更新两个生成器网络中的参数和两个判别器网络中的参数。最终的优化问题可以表示为

$$G^*,D_x^*,H^*,D_z^*=\begin{cases}\arg\min\limits_{G,H}\mathcal{L}(G,H)\\ \arg\min\limits_{D_x,D_z}\mathcal{L}(D_x,D_z)\end{cases} \tag{4.17}$$

使用 Adam[141] 作为更新神经网络参数的优化器，学习率设置为 2×10^{-4}。

3. scDEC 进行数据生成

利用 scDEC 生成模型的特性进行了数据生成的任务，可以用于模拟不同细胞状态的中间态。具体的做法是首先假定有两个潜在空间的类别向量 $\boldsymbol{c}_1$ 和 $\boldsymbol{c}_2$ 分别代表两个不同的细胞类型。首先对类别向量进行线性插值 $\hat{\boldsymbol{c}} = \alpha\boldsymbol{c}_1 + (1-\alpha)\boldsymbol{c}_2$。注意到这里的生成系数 α 使它从 0 到 1 之间连续变化，$\boldsymbol{z}$ 仍然是从一个标准的正态分布里进行采样。这样通过对潜在空间的离散标签进行差值再用 G 网络做条件生成，并通过控制生成系数 α 的大小，从而实现数据生成的功能。这种对潜在空间进行差值从而达到数据生成的思路已经在先前的图像生成的工作中被使用[202]。

4. 对聚类数目 $\boldsymbol{K}$ 的估计方法

为了将 scDEC 应用于细胞类型数量未知的 scATAC-seq 数据，提供了一种使用间隙统计量估算聚类数 K 的算法。首先比较了预处理的 scATAC-seq 数据和参考数据集的平均簇内距离，该数据集可以使用 K 均值算法，使用相同大小的随机矩阵构造。通过蒙特卡罗模拟计算参考数据集上的平均集群内距离 1000 次，并使用平均结果。选取单细胞数据和参考数据之间的间隙最大所对应的 K。注意到，K 的估计值与本研究中使用的 scATAC-seq 与真实聚类的数目能够比较好地匹配上（图 4.4）。

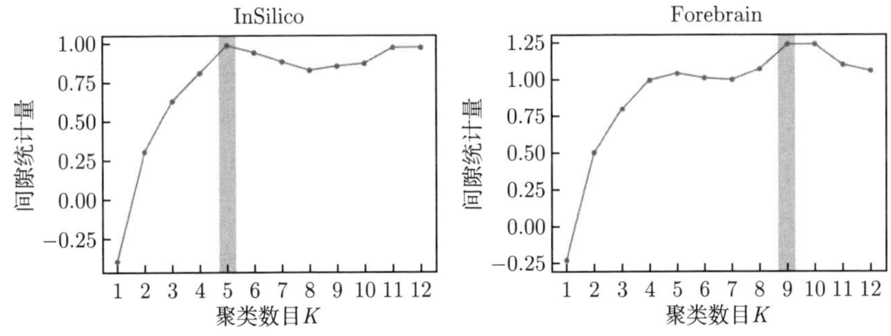

图 4.4 不同数据集的间隙统计量分布

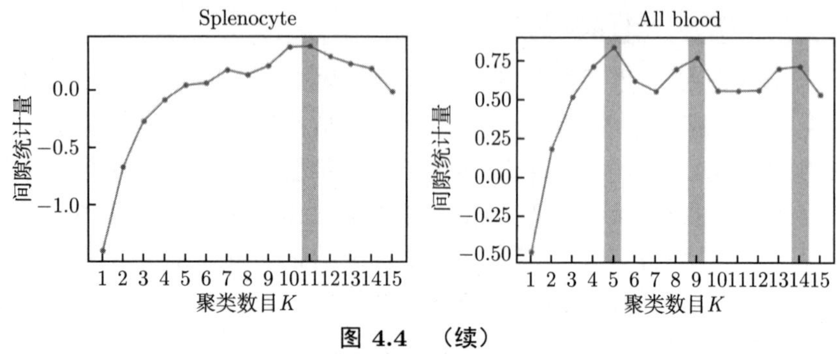

图 4.4 （续）

4.4.3 模型评价方法

1. 聚类评估指标

使用三种常见的聚类评估指标来评价不同聚类方法的好坏，分别是归一化互信息（NMI）[203]、调整兰德指数（ARI）[204] 及同质性（homogeneity）[205]。给定 n 个观测数据点，假设 U 和 V 分别是真实标签分配与预测的标签分配，分别有 C_U 和 C_V 个类别，那么归一化互信息的计算公式则可以表示为

$$\mathrm{NMI} = \frac{\sum\limits_{p=1}^{C_U}\sum\limits_{q=1}^{C_V}|U_p \cap V_q| \lg \dfrac{n|U_p \cap V_q|}{|U_p| \times V_q}}{\max\left(-\sum\limits_{p=1}^{C_U}|U_p| \lg \dfrac{|U_p|}{n}, -\sum\limits_{q=1}^{C_V}|V_q| \lg \frac{|V_q|}{n}\right)} \tag{4.18}$$

兰德指数[206] 原来是用于描述两个类标签分配的一致性指标，调整兰德指数则是纠正在类标签随机选取时的一个常数项。定义以下四个变量：① n_1，在 U 和 V 中分属同一组的配对数量。② n_2，在 U 和 V 中分属不同组的配对数量。③ n_3，在 U 中分属同一组但是在 V 中分属不同组的配对数量。④ n_4，在 V 中分属同一组但是在 U 中分属不同组的配对数量。定义好上述四个量之后，那么调整兰德系数可以表示为

$$\mathrm{ARI} = \frac{\binom{n}{2}(n_1+n_4) - [(n_1+n_2)(n_1+n_3)+(n_3+n_4)(n_2+n_4)]}{\binom{n}{2} - [(n_1+n_2)(n_1+n_3)+(n_3+n_4)(n_2+n_4)]} \tag{4.19}$$

同质性（homogeneity）的计算公式为 Homogeneity $= 1-\dfrac{H(U|V)}{H(U)}$，其中，

$$
\begin{cases}
H(U|V) = -\displaystyle\sum_{p=1}^{C_U}\sum_{q=1}^{C_V}\frac{|U_p \cap V_q|}{n}\lg\frac{|U_p \cap V_q|}{\displaystyle\sum_{q=1}^{C_V}|U_p \cap V_q|} \\
H(U) = -\displaystyle\sum_{p=1}^{C_U}\frac{\displaystyle\sum_{q=1}^{C_V}|U_p \cap V_q|}{C_U}\lg\frac{\displaystyle\sum_{q=1}^{C_V}|U_p \cap V_q|}{C_U}
\end{cases}
\tag{4.20}
$$

2. 基线方法

在本研究中，将 scDEC 与多种基线方法进行了比较，包括 scABC[86]、SCALE[88]、cisTopic[85]、Scasat[87]、Cusanovich2018[60,89] 和 SnapATAC[90]。SCALE 是从其原始源代码存储库（https://github.com/jsxlei/SCALE）实现的。其他比较方法是直接从一个综述研究[179] 所提供的源代码来实现的。对于仅学习 scATAC-seq 数据的低维嵌入的方法（cisTopic、Scasat、Cusanovich2018 和 SnapATAC），使用综述研究[179] 推荐的 Louvain 聚类[180] 作为对低维进行聚类的默认方法。请注意，每个 K-means 算法在随机选择不同质心点的情况下独立运行 20 次，选择具有最佳统计量（最小使用群集内平方和距离）的结果。在 SCALE 的建议下，将比较实验中的不同比较方法中的嵌入维数设置为相同的数字。

MOFA+[207] 和 scAI[208] 是使用矩阵分解框架进行的多模式单细胞数据分析的两项最新工作。对于 MOFA+，直接在相同的 PBMC 数据集上使用预训练模型，可以从其网站（https://biofam.github.io/MOFA2/）下载该模型。scAI 是从其源代码（https://github.com/sqjin/scAI）实现的，并且因素数设置为 20，与 scDEC 潜在功能的维数相同。在聚类实验中，将 K 均值应用于 MOFA+ 和 scAI 的潜在因子。K 设置为 14，这和来自 10x Genomic 研发团队的带注释标签的细胞类型数量吻合。

3. 可视化方法

通过将可视化维度设置为 2，使用 t 分布随机邻域嵌入（t-SNE）[209] 作为默认算法来可视化通过不同方法学习的 scATAC-seq 数据的潜在特征（latent feature）。t-SNE 通过 Scikit-learn 软件库实现。另外，也提供

一种可供额外选择的可视化工具统一流形逼近和投影方法（UMAP）[210]，也可以作为潜在特征的附加可视化工具。

4.4.4 实验数据准备与预处理

InSilico 数据集是从 GEO 数据库（https://www.ncbi.nlm.nih.gov/geo/）中收集的，对应的项目号为 GSE65360。鼠前脑数据集（Forebrain）是从 GEO 数据库下载的，项目号为 GSE100033。脾细胞数据集（Splenocyte）可以在 ArrayExpress 数据库中以登录号 E-MTAB-6714 进行访问。血液数据集（All blood）均可以在 GEO 数据库中以项目号 GSE96772 进行访问。老鼠图谱集数据（Mouse atlas）可从 http://atlas.gs.washington.edu/mouse-atac 获得。上述 scATAC-seq 数据集的统计信息如图 4.5 所示。对于 InSilico 数据集而言，这是人工将六个细胞系的单细胞 scATAC-seq 混合后一共 1377 个细胞所形成的一个数据集，故其具有准确的细胞标签。同时也注意到 InSilico 数据集有着非常不平衡的分布，其中含量最多的 K562 细胞系的细胞占比达到 48.37%，而含量最小的 BJ 细胞仅占比 5.45%。Forebrain 数据集则是从出生后 56 天的小鼠前脑采样的细胞，一共包含 8 个，包含前脑不同区域一共 2088 个细胞。其中包括 3 种不同类型的兴奋性神经元细胞（EX），占比分别为 9.1%（EX1）、17.53%（EX2）及 24.86%（EX3）。占比最少的星形胶质细胞（AC）仅有 5.73%。另外抑制性神经元（IN）也包含两种亚型，分别占比 9.34%（IN1）与 15.33%（IN2）。对于 Splenocyte 数据集来说，这是从小鼠的脾脏混合物中提取的细胞组成的，并且在提取过程中移除了红细胞。最终形成了 12 个不同的细胞类型，一共 3166 个细胞。此数据集的分布极为不平衡，含量最多的滤泡 B 细胞（Follicular B cell）占比高达 42.89%。含量最小的巨噬细胞（Macrophage）仅占比 1.74%。All blood 数据集是在人的造血分化过程中采样的 2034 细胞，一共包含 13 个不同的细胞亚型。其中含量最多的细胞型为普通骨髓祖细胞（CMP），其占比达到了 24.68%。含量最少的细胞型为粒细胞巨噬细胞祖细胞（GMP）中的 mid 型①，占比仅有 2.16%。大型单细胞开放性小鼠图谱数据则在成年小鼠身体的 13 个组织中采样得到，该数据集没有准确的细胞标签，仅仅有根据

① GMP 细胞通过 CD123 的表达值区分为 mid、median、high 三种类型。

计算方法推断得到的细胞类型，并且含有大量占比低于 1%的细胞型，比如 NK 细胞、DC 细胞等。

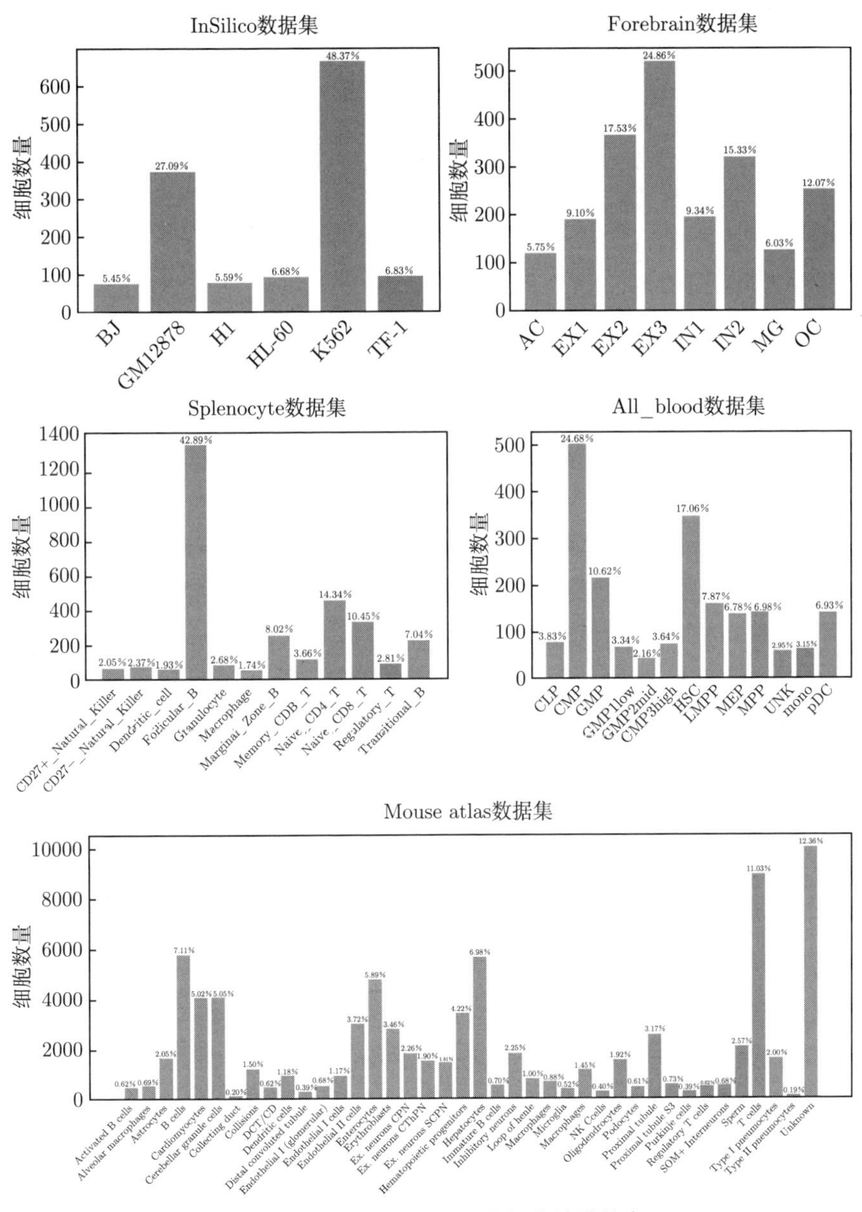

图 4.5　scATAC-seq 数据集统计信息

从 10x Genomic 网站（https://support.10xgenomics.com/single-cell-multiome-atac-gex）下载了用于多模态单细胞分析的人外周血单核细胞（PBMC）数据集，条目为 pbmc_granulocyte_sorted_10k。与 SCALE 相似，仅通过在所有细胞的 3%以上细胞保留至少包含一个读数计数的峰来过滤 scATAC-seq 峰。统一的预处理可以证明跨不同 scATAC-seq 数据集的方法的鲁棒性。在多模态单细胞分析的实验中，对 scRNA-seq 和 scATAC-seq 数据使用了统一的预处理策略。首先过滤了所有细胞中读取计数为零的基因或峰。然后对 scRNA-seq 或 scATAC-seq 的读取计数矩阵进行归一化处理，其中将每个基因（峰值）的读取计数除以每个细胞中的总数，再乘以比例因子（默认为 10 000）。接下来，对数转换并考虑伪计数为 1。最后，分别对 scRNA-seq 和 scATAC-seq 进行 PCA 转换，保留每种数据的前 25 个组成部分，将它们串联在一起（总共 50 个），再送入 scDEC 模型中进行学习。可以从 https://zenodo.org/record/3984189#.XzDpJRNKhTY 下载 scDEC 输入的所有已处理数据。

将 scATAC-seq 数据输入 scDEC 模型之前，对其进行了统一的预处理。首先，为了降低噪声水平，仅在超过 3%的细胞中保留至少具有一次读取计数的峰（peak）。接下来，类似于 Cusanovich 等的方法[89]，对原始 scATAC-seq 计数矩阵应用了术语频率逆文档频率（TF-IDF）变换，该矩阵在信息检索和文本挖掘中得到了广泛的应用[177,211]。通过将每个细胞的总读数计数除以该细胞的原始读数计数矩阵来计算“项频率”。“文档反转频率”将被计算为跨所有细胞每个开放性区域的反转频率。“文档反转频率”将被对数转换并乘以“术语频率”。TF-IDF 转换有助于帮助稀少的峰在细胞中出现的次数成一定比例增加，从而以较低的频率赋予峰更高的重要性。最后，应用主成分分析（PCA）[212] 将 scATAC 的数据的维度减小到 20，这可以通过“scikit-learn”软件库[143] 来实现。表 4.1 提供了本研究中使用的所有 scATAC-seq 数据集的摘要。

表 4.1 本研究用到的 scATAC-seq 数据集的摘要

数据集	细胞数目	峰数量	细胞类型数	数据链接
InSilico	1377	68 069	6	GEO:GSE65360
Forebrain	2088	140 102	8	GEO:GSE100033
Splenocyte	3166	77 453	12	ArrayExpress:E-MTAB-6714
All blood	2034	455 057	13	GEO:GSE96772
Mouse atlas	81,173	436 206	30	http://atlas.gs.washington.edu/mouse-atac

4.5 scDEC 模型在细胞类型发现上的性能表现

4.5.1 scDEC 在多个数据集上细胞聚类性能上优于已有方法

为了证明 scDEC 能够揭示不同细胞亚群之间的差异并以无监督的方式识别细胞类型的能力，在不同数量的细胞和细胞类型的四个基准 scATAC-seq 数据集上测试了 scDEC。具体来说，scDEC 已针对六种基线比较方法进行了基准测试，包括 scABC、SCALE、cisTopic、Cusanovich2018、Scasat 和 SnapATAC（详见方法）。通过以下方法评估方法的性能：① 是否可以在低维空间中清晰区分不同的细胞亚群；② 是否可以通过聚类准确推断出真正的细胞类型标签。为了解决第一个问题，首先应用每种方法进行降维或提取潜在特征。对于具有相对较小的细胞和细胞类型的两个数据集，潜在维度设置为 15；对于两个较大的数据集，潜在维度设置为 20。对于每种方法，都基于潜在特征构建了一个 t-SNE[209] 或 UMAP[210] 图，然后使用该图上的 FACS sorting 细胞标签进行可视化，以查看亚群是否分离良好。为了解决第二个问题，对于每种方法，使用三种常用的指标，即归一化互信息（NMI）、调整后的兰德指数（ARI）和同质性（homogeneity），基于 FACS sorting 细胞标签评估其聚类结果。由于有五种比较方法（scABC 除外）专注于学习低维表示，并且需要额外的聚类步骤，因此，使用综述研究[179] 推荐的 Louvain 聚类[180] 来聚类通过这些方法学习的潜在特征。每个数据集的结果汇总如图 4.6 所示。

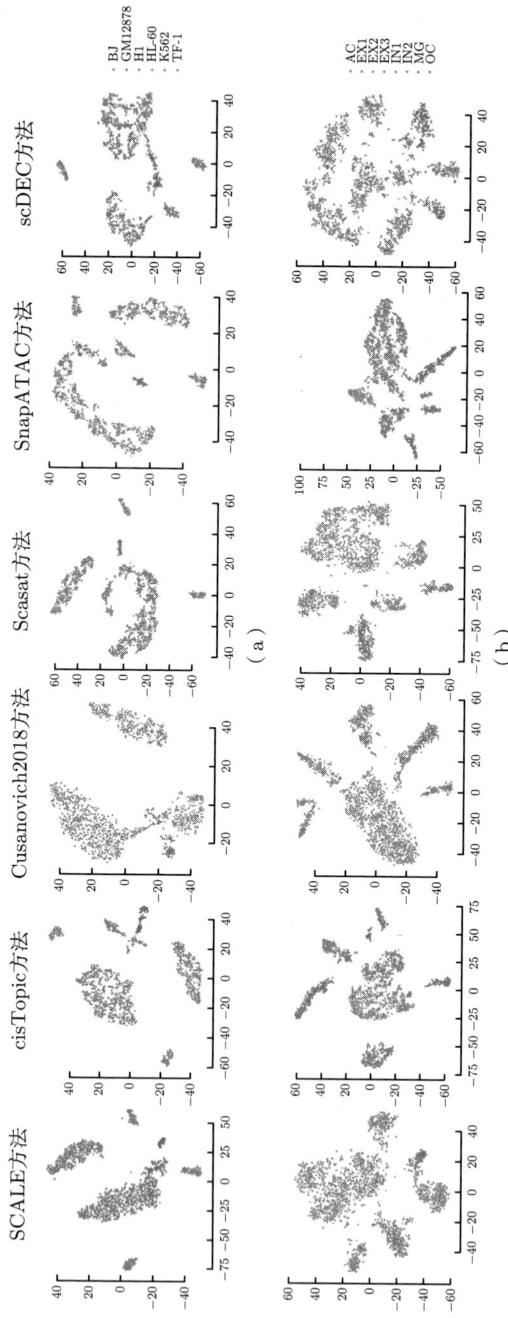

图 4.6 四种 scATAC-seq 数据集下不同方法的 t-SNE 可视化结果（见文前彩图）

CD27+_Natural_Killer
CD27-_Natural_Killer
Dendritic_cell
Follicular_B
Granulocyte
Macrophage
Marginal_Zone_B
Memory_CD8_T
Naive_CD4_T
Naive_CD8_T
Regulatory_T
Transitional_B
(c)
CLP
CMP
GMP
GMP1low
GMP2mid
GMP3high
HSC
LMPP
MEP
MPP
UNK
mono
pDC
(d)
t-SNE 1
t-SNE 2

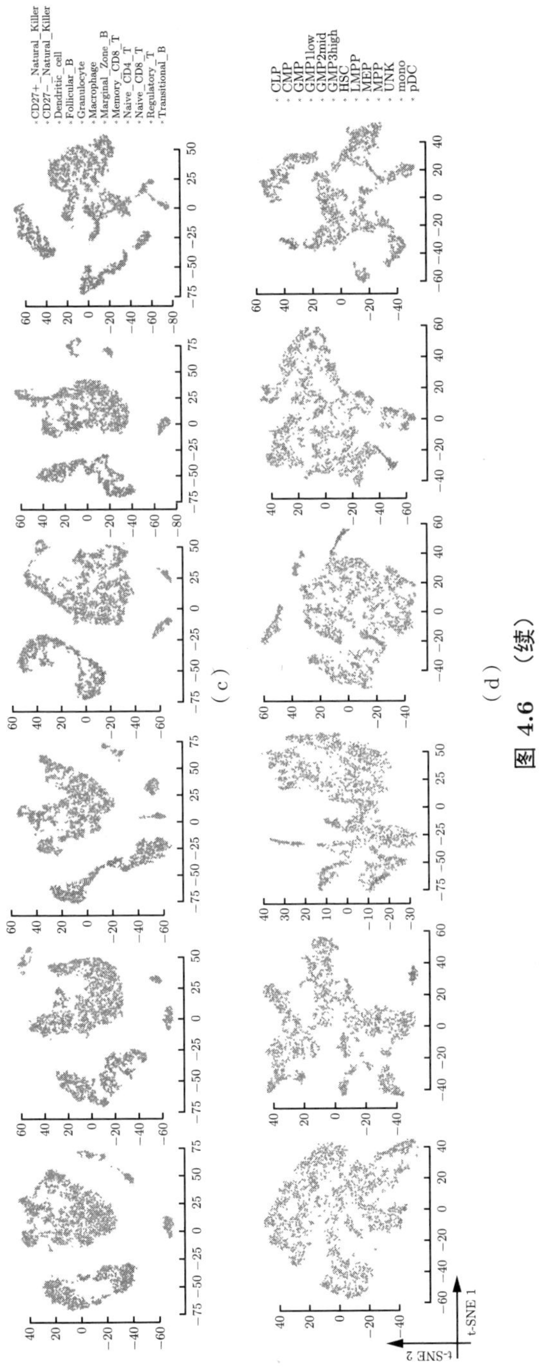

图 4.6 （续）

InSilico 数据集[60]。该数据集是通过人工组合六个分别在不同细胞系上进行的单独的 scATAC-seq 实验而构建的计算机模拟混合物。我们观察到 SCALE、Cusanovich2018、Scasat 和 SnapATAC 将来自 TF-1 小细胞类型（6.83%，紫色）的细胞分散为几个簇，而 cisTopic 和 scDEC 可以很好地保持低维表示中的近距离（图 4.6（a））。scDEC 的 NMI 为 0.871，ARI 为 0.896，同质性为 0.866，这比最佳基线方法 scABC（NMI = 0.822，AIR = 0.855 和 Homogeneity = 0.840）有了明显的提高。为了进一步探索不同方法的聚类效果，使用 UMAP 方法对不同方法学习到的潜在特征进行可视化（图 4.7），随后使用 K-means 对不同的潜在特征进行聚类并得到混淆矩阵（confusion matrix）。表现最差的是 Cusanovich2018 方法，这个方法几乎把所有的细胞都聚到了一起，有趣的是从其可视化结果来看，具有明显的 3 个簇。但是当采用 K-means 算法（Sklearn 库的默认实现为 K-means++）时，几乎所有的细胞都被聚到了一起。说明在 Cusanovich2018 学习到的潜在特征中，有个别细胞的潜在特征与其他细胞有着非常明显的差异，在 K-means 聚类的过程中无法与其他簇聚到一起，从而单独形成了一个簇。这也导致其各项聚类指标都趋近于 0，几乎没有任何效果。而其他的方法或多或少都有不错的表现，从混淆矩阵来看，scDEC 模型仅仅把 HL-60 与 TF-1 两个类型的细胞几乎聚到一起，对于其他类型的细胞则区分度非常高，聚类指标上，scDEC 相对于其他方法也有明显的优势。

Forebrain 数据集[213]。该数据集来自成年小鼠前脑中包含八个不同细胞群的 P56 小鼠前脑细胞。有趣的是，所有基线方法都无法区分兴奋性神经元细胞的三种亚型（EX1、EX2 和 EX3），而 scDEC 显示出这三种细胞亚群之间的相对清晰的分离（图 4.6（b））。同样，scDEC 通过达到 0.750 的最高 NMI、0.663 的 ARI 和 0.556 的同质性显示出优异的聚类性能。为了进一步探索不同方法的聚类效果，使用 UMAP 方法对不同方法学习到的潜在特征进行可视化（图 4.8），随后使用 K-means 对不同的潜在特征进行聚类并得到混淆矩阵。从 UMAP 可视化的结果来看，不同方法都能够对不同细胞型的细胞有着或多或少的区分度。但有意思的是，对于同一个细胞型（兴奋性神经元细胞，EX）的不同亚型（EX1、EX2、EX3），除了 scDEC 以外所有的方法都几乎无法区分开来，三种亚型的细胞被聚成了一类。而在 scDEC 模型中，EX1 和 EX2 能够非常明显地区分开来，而 EX3 细胞则有少部分分别与 EX1 和 EX2 细胞混在了一起。这个现象和用 t-SNE 可视化结果具有一致性。从聚类的指标来看，scDEC 的 NMI、ARI 及 Homogegeity 三个指标都几乎取得了最优或者次优的表现。

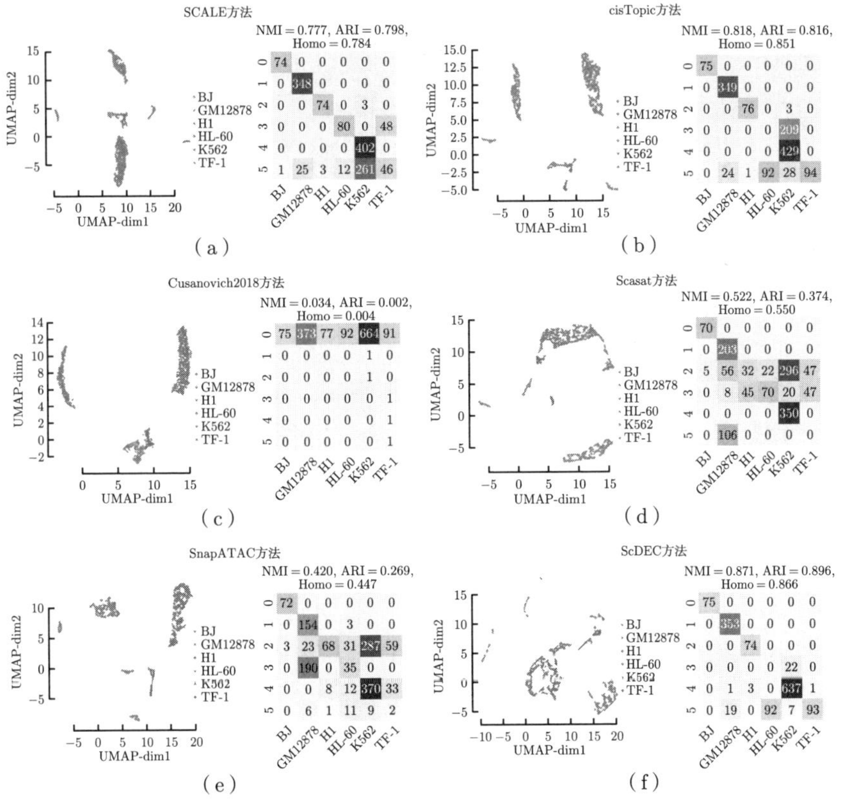

SCALE方法
NMI = 0.777, ARI = 0.798, Homo = 0.784
cisTopic方法
NMI = 0.818, ARI = 0.816, Homo = 0.851
Cusanovich2018方法
NMI = 0.034, ARI = 0.002, Homo = 0.004
Scasat方法
NMI = 0.522, ARI = 0.374, Homo = 0.550
SnapATAC方法
NMI = 0.420, ARI = 0.269, Homo = 0.447
ScDEC方法
NMI = 0.871, ARI = 0.896, Homo = 0.866
BJ
GM12878
H1
HL-60
K562
TF-1
UMAP-dim1
UMAP-dim2
(a)
(b)
(c)
(d)
(e)
(f)

图 4.7　不同方法在 InSilico 数据集上 UMAP 可视化结果

SCALE方法
NMI = 0.712, ARI = 0.619, Homo = 0.522
cisTopic方法
NMI = 0.713, ARI = 0.608, Homo = 0.685
AC
EX1
EX2
EX3
IN1
IN2
MG
OC
UMAP-dim1
UMAP-dim2
(a)
(b)

图 4.8　不同方法在 Forebrain 数据集上 UMAP 可视化结果

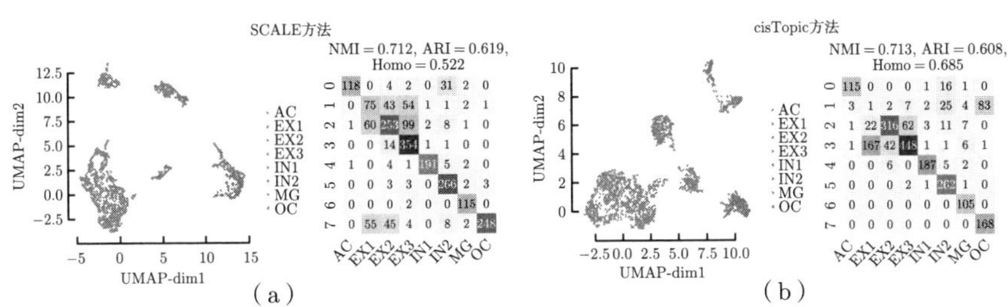

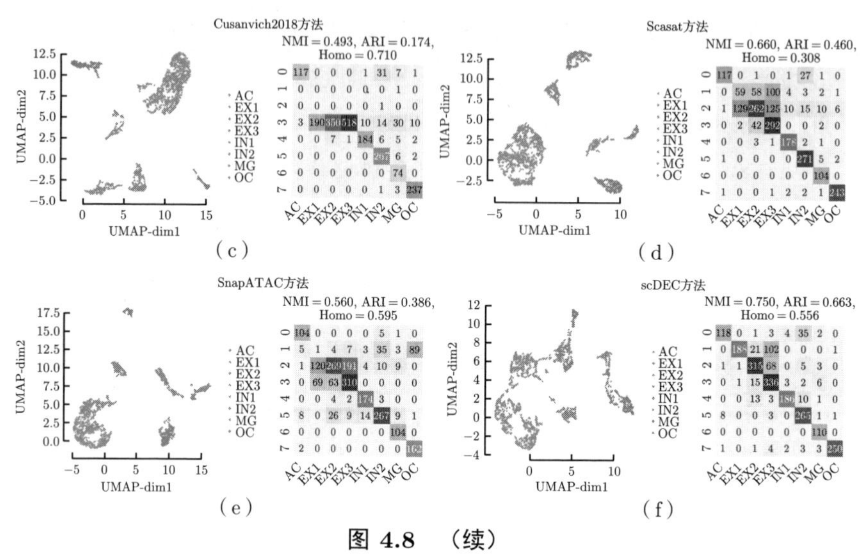

图 4.8 （续）

Splenocyte 数据集[214]。去除红细胞后，从小鼠脾细胞混合物中收集该数据集，最终形成了 12 个细胞亚群。通过所有基线方法，主要细胞类型的滤泡性 B 细胞（42.89%）和 CD8 细胞的两个亚型或多或少与其他亚细胞群混合在一起，而 scDEC 显示了更清晰的分离（图 4.6（c））。作为四个数据集中最大的数据集（约 3000 个细胞），scDEC 仍实现了最高的 NMI（0.838）、ARI（平均 0.884）和同质性（0.829）。为了进一步探索不同方法的聚类效果，使用 UMAP 方法对不同方法学习到的潜在特征进行可视化（图 4.9），随后使用 K-means 对不同的潜在特征进行聚类并得到混淆矩阵。由于该数据集不同细胞型分布极为不平衡，大多数方法的聚类效果都不尽满意。比如，观察最主要的细胞类型滤泡性 B 细胞，大多数方法都将其聚成了好几个不同的簇，scDEC 将 1304 个滤泡性 B 细胞聚到一起，从而取得了 1304/1358=96.2%的正确率。而表现最好的基线方法 SCALE 成功地将 1107 个滤泡性 B 细胞聚到一起（正确率仅为 81.5%），这也从一定程度上说明了 scDEC 模型对于极不平衡的数据集具有更为良好的表现。

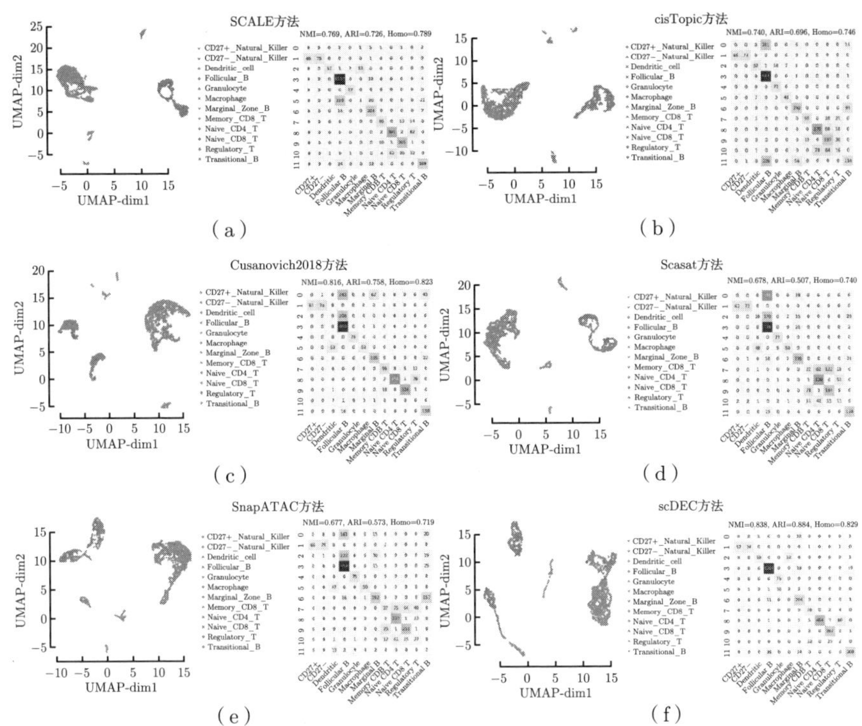

图 4.9 不同方法在 Splenocyte 数据集上 UMAP 可视化结果

All blood 数据集[215]。该数据集涉及人类造血过程中多能细胞的细胞分化，总共包含 13 个亚群的细胞。三种类型的细胞，包括单核细胞（单核细胞）、浆细胞样树突状细胞（pDC）和 CLP 细胞，只能通过 cisTopic、Scasat 和 scDEC 与其他细胞分开（图 4.6（d））。在所有比较方法中，scDEC 仍达到最高 ARI（0.309）。总体聚类性能与 Cusanovich2018 相当，略低于 cisTopic。为了进一步探索不同方法的聚类效果，使用 UMAP 方法对不同方法学习到的潜在特征进行可视化（图 4.10），随后使用 K-means 对不同的潜在特征进行聚类并得到混淆矩阵。这是几个 benchmark 数据集中最难聚的一个数据集，一方面体现在 UMAP 对不同方法潜在特征进行可视化的图上，很多不同的细胞型细胞都或多或少地混合在了一起；另一方面，在混淆矩阵上也能够看得出来，大量的细胞型被不同的方法聚成了多个簇。最终导致不同方法整体聚类指标都不太高。究其原因，可以发现有部分细胞型的细胞相似度过高，不同的方法非常难以区分，比如，粒细胞巨噬细胞祖细胞（GMP）就分成了普通的粒细胞巨噬细胞祖细胞，以及按照 CD123 的表达值区分为 mid、median、high 三种类型，总计达到了 4 种类型的 GMP 细胞，它们之间的染色质开放性信号的差别比较小，相对来说非常不容易区分。但即便是这样的情况下，scDEC 模型在 NMI、ARI、Homogeneity 三个指标上也取得了最优或者次优的结果，再一次体现了 scDEC 模型的优越性能。

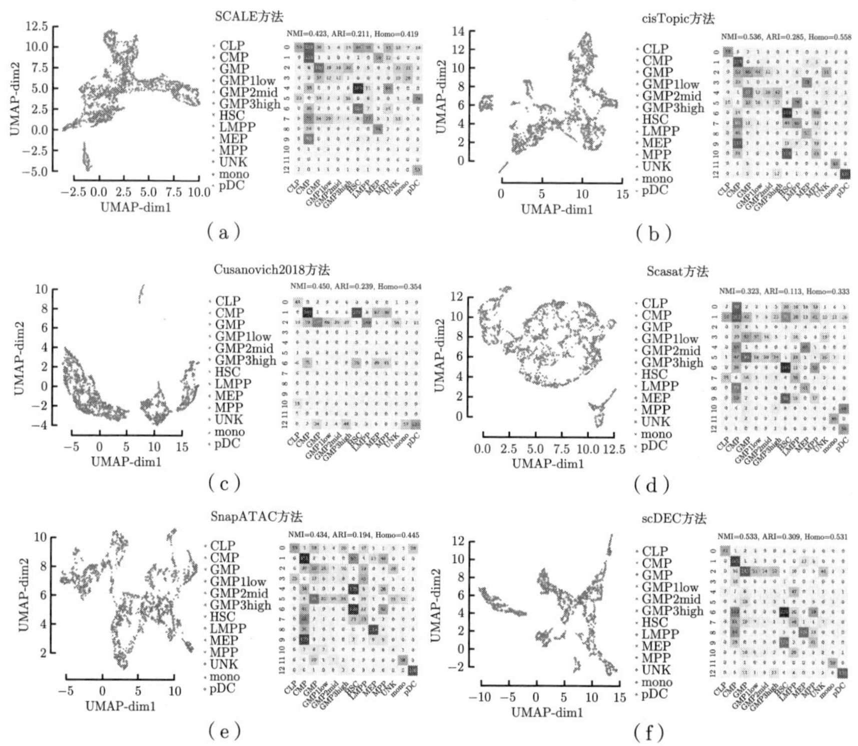

图 4.10 不同方法在 All blood 数据集上 UMAP 可视化结果

scDEC 在多个 scATAC-seq 数据集中获得最佳或次佳的聚类结果。如果用常用的 K-means 聚类对不同方法学习到的潜在变量进行聚类。结果如图 4.11 所示。考虑到 K-means 对初始聚类中心非常敏感，在实际的实验中，把 K-means 的聚类中心利用不同的随机数种子进行初始化，从而得到 100 次独立重复的 K-means 聚类结果，随后选取类内平方和（inertia）最小的结果作为该次试验 K-means 的结果。其中类内平方和

的计算公式为

$$\sum_{i=1}^{n} \min_{\mu_j}(||x_i - \mu_j||^2) \tag{4.21}$$

其中，μ_j 与 x_i 分别表示第 j 个聚类中心及第 i 个样本点。

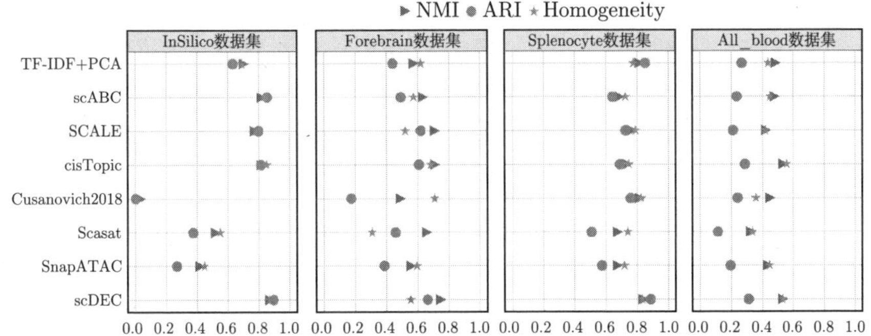

图 4.11 利用 K-means 对各方法学习到的潜在特征的聚类结果

注意到我们的 scDEC 模型是将潜在变量的学习和聚类直接用神经网络进行建模，故不需要额外的聚类方法来处理，这一点上也显示了 scDEC 这种端到端（end-to-end）模型的优势。可以观察到 scDEC 模型的优势，在三个不同的指标上（NMI、ARI 和 Homogeneity）均具有较大的优势。而有些方法则对不同的聚类方法非常敏感，如 Cusanovich2018 在 InSilico 数据集下如果使用 K-means 算法对其单细胞染色质开放性数据的降维表示进行聚类，则完全没有任何效果，另外在 Forebrain 数据集中 ARI 指标也仅仅不到 0.2，这说明其他方法高度依赖于选择一个合适的聚类模型。

接下来，将 K-means 算法替换成 Louvain 聚类，Louvain 聚类算法是在 2008 年由 VD Blondel 等提出的用于社区检测（community detection）的算法[180]，这个算法在最近的一个综述研究中被认为在单细胞数据中具有比较良好的表现[179]。将上述的 K-means 算法替换成 Louvain 算法，结果也保持了很大的一致性，scDEC 仍然在不同数据集有着最好或次佳的表现。通过横向对比也可以看出，大多数情况下，Louvain 聚类方法都比同样情形下的 K-means 聚类方法效果要好一些（图 4.12），但同样也有一些例外，如 cisTopic 及 Cusanovich2018 两个方法在 Splenocyte 数据集上的表现，使用 K-means 聚类要优于 Louvain 聚类。

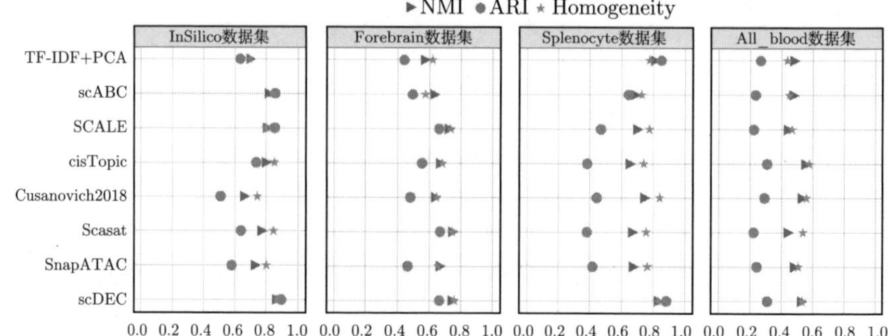

图 4.12 利用 Louvain 对各方法学习到的潜在特征的聚类结果

此外，还提供了 scDEC 的 t-SNE 可视化，该可视化由在上述四个基准数据集上由 scDEC 标识的类标签着色（图 4.13）。其中在不同数据集下总类别的设置都和数据集所提供标签总类别数相同。可以明显看出，不同数据集下由 scDEC 模型自动对不同细胞分配的聚类标签具有相同聚类标签相近、不同聚类标签相离的特征，也就是说同样颜色的标签所对应的细胞基本都能在二维可视化的结果中聚在一起。以 Forebrain 数据集为例，聚类簇 4、6 及 7 则明显能够对应三种不同类型的兴奋性神经元细胞（EX1-3）。基本上在所展示的四个单细胞染色质开放性数据集中，每个数据集低维可视化的结果都与低维上的经验聚类结果具有高度的一致性，具体反映在每个数据集都能找到或多或少非常明显的聚类簇。这些特征说明直接利用神经网络来进行聚类完全可以取得非常优良的聚类效果，更为关键的是神经网络强大的学习能力（尤其是对非线性数据分布）能够学习到传统的 K-means 方法很难学习到的数据特征，从而形成更好的聚类效果。

另外，还注意到，scDEC 的性能对潜在特征的尺寸、预处理过程中 PCA 的维度设置等并不敏感，这些特点体现了 scDEC 模型具有很好的鲁棒性。以 InSilico 数据集为例，图 4.14（a）～（c）展示了数据预处理中不同的 PCA 维度下细胞–细胞相似矩阵，不同的细胞–细胞相似性是由基于预处理后特征的 Cosine 相似度（余弦相似性）计算得来的。

$$\text{Similarity} = \cos(\theta) = \frac{\boldsymbol{A} \cdot \boldsymbol{B}}{||\boldsymbol{A}|| \cdot ||\boldsymbol{B}||} \tag{4.22}$$

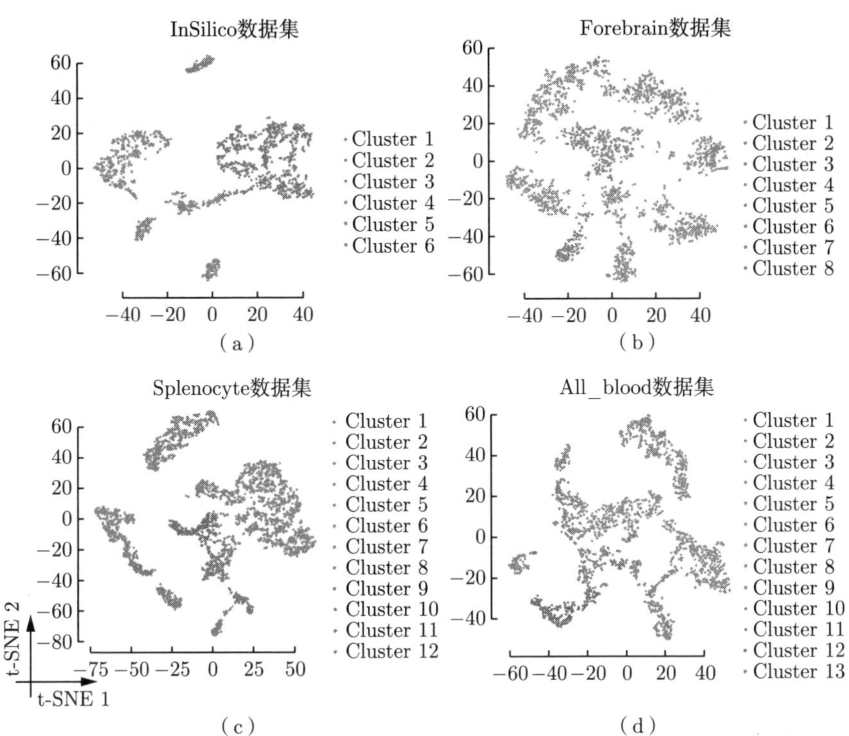

图 4.13 scDEC 对不同数据集的聚类结果与 t-SNE 可视化结果

其中 θ 是两个向量 $\boldsymbol{A}$ 和 $\boldsymbol{B}$（分别代表两个细胞的预处理后的开放性信号）的夹角。我们首先将这些细胞按照其数据集提供的细胞类型标签做好排列，从而将细胞–细胞相似度矩阵可视化，可以看出六个不同的细胞类型在相似度矩阵下具有明显边界，说明同一类型的细胞间的相似度水平更高，不同类型的细胞间相似度水平相对较低。另外，我们也观察到 scDEC 对预处理中 PCA 的不同维度下，聚类各指标也具有较高的鲁棒性（图 4.14（d））。一般而言，我们将潜在空间的维度会设置为小于 PCA 的维度。当我们预处理时固定 PCA 的维度而改变潜在空间维度时，同样发现不同的聚类指标具有很好的鲁棒性（图 4.14（e））。

接下来，将进一步研究不同方法在不同 dropout 率下的性能，以评估处理稀疏程度不同的 scATAC-seq 数据的能力。通过以概率等于 dropout 率的概率随机剔除读取计数矩阵中的非零实体，从而对 Forebrain 数据集中的原始读数进行了降采样。scDEC 始终以 ARI 指标展示最佳性能，适用于在 0%~50%的不同 dropout 率下进行聚类的情况。dropout 为 50%时，scDEC 的 ARI 为 0.279，而最佳比较方法 cisTopic 为 0.202（图 4.15）。

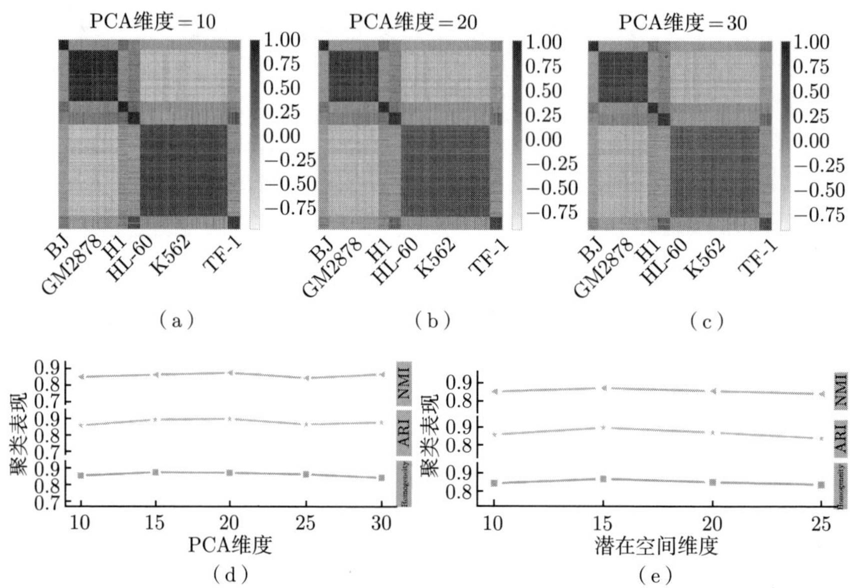

图 4.14　scDEC 模型的鲁棒性分析

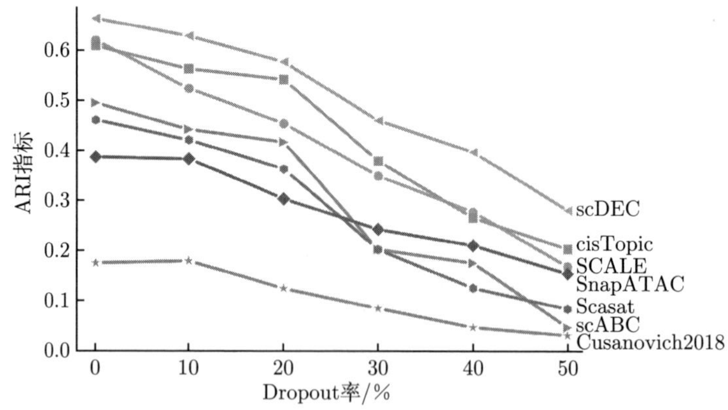

图 4.15　不同 dropout 率下不同方法的表现性能

4.5.2　scDEC 在大规模 scATAC-seq 数据下的性能分析

进一步检查 scDEC 是否适用于规模巨大的 scATAC-seq 数据集。从小鼠图集研究中收集了一个数据集，其中包含使用 sci-ATAC-seq[89] 从 13 个成年小鼠组织中提取的 81 173 个单细胞。原始论文中提出了一种计算流程来推断 40 种细胞类型，这些细胞类型被视为“参考”细胞标签，用于比较 scDEC 和其他基线方法。为了研究 scDEC 的可伸缩性，将原始数据集随机下采样到不同规模的数据集，并且 scDEC 与参考细胞标签始终显示出良好的一致性（图 4.16）。

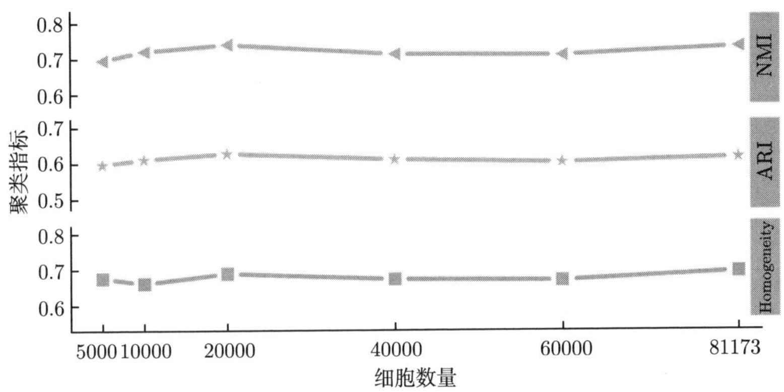

图 4.16　scDEC 在大规模 scATAC-seq 数据集上的表现性能

对于数据集的完整范围，scDEC 的 NMI 为 0.732，ARI 为 0.614，同质性为 0.693，而大多数比较方法由于内存限制（计算环境为 500 GB）而无法处理完整的数据集。将 scDEC 与深度学习方法 SCALE 进行了比较，并注意到 scDEC 与“参考”标签具有更高的一致性，但运行时间稍慢（图 4.17）。

4.5.3　scDEC 模型在单细胞多组学数据上的性能分析

在多模式单细胞数据分析中扩展 scDEC 是很自然的，在该模式中，同时测量同一细胞内的多种类型的信号。在这里，将 scDEC 应用于来自 10x Genomics 公司所提供的数据集，该数据集包含约 10k 外周血单个核细胞（PBMC），并对每个细胞的 scRNA-seq 和 scATAC-seq 进行测量。注意，通过对该数据集进行细胞分选除去了粒细胞。在分别对 scRNA-seq

和 scATAC-seq 数据进行数据预处理之后，将两种类型的数据连接起来并馈送到 scDEC 模型中（请参见方法）。由于 PBMC 数据集没有 FACS 排序细胞类型标签，因此使用由 10x Genomics R & D 团队注释的细胞类型标签作为替代。scDEC 通过潜在特征的 t-SNE 可视化可以很好地区分大多数带注释的细胞类型（图 4.18）。可以观察到，不同的细胞类型在 t-SNE 可视化的图中具有明显的聚集性。甚至连同一种细胞的细胞亚型也能够分辨地较为清楚，如 Naive B 细胞与 Memory B 细胞。在三种不同的 monocytes 细胞中，观察到了从 Classical 到 Intermediate，最后到 Non-classical 的一个明显过渡。

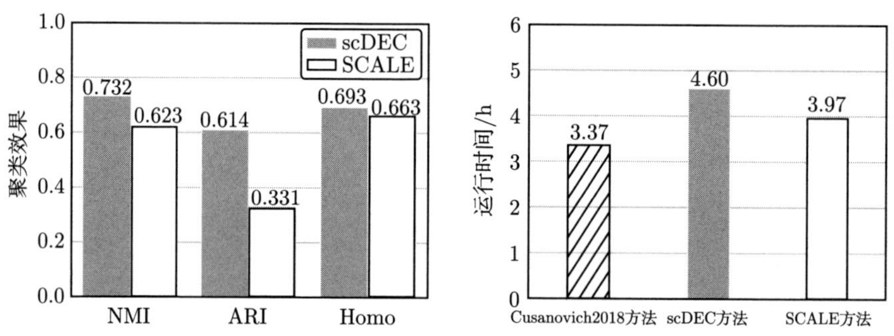

图 4.17 scDEC 与 SCALE 在运行时间与聚类性能上的对比

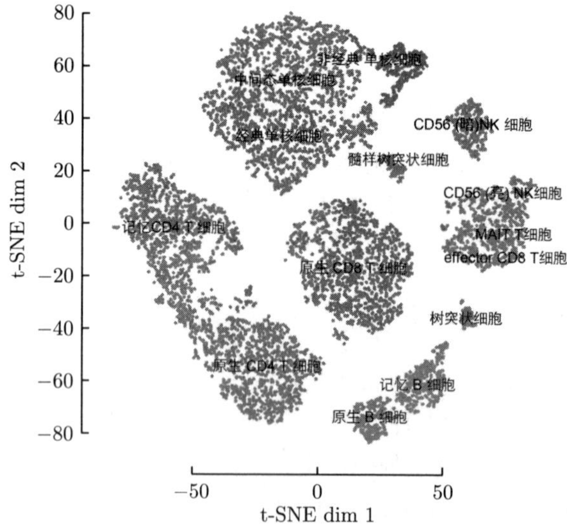

图 4.18 scDEC 对 PBMC 细胞的 t-SNE 可视化以及聚类结果

与仅使用 scRNA-seq 或 scATAC-seq 相比，单核细胞、T 细胞和 B 细胞不同亚群的可视化还显示出更清晰的分离（图 4.19）。但是当 scDEC 模型同时考虑 scRNA-seq 及 scATAC-seq 数据时，整体的表现效果更佳，不同细胞性间分隔更为清楚，尤其是同一个细胞类型的不同亚型，比如三种不同的 monocytes 细胞。所以得出结论给定代理细胞标记时，分别评估将 scDEC 应用于一种类型的数据（scRNA-seq 或 scATAC-seq）和两种类型的单细胞数据的聚类性能。与使用单独的 scRNA-seq 或单独的 scATAC-seq 相比，使用两种类型的单细胞数据，scDEC 都能实现明显更好的聚类性能。

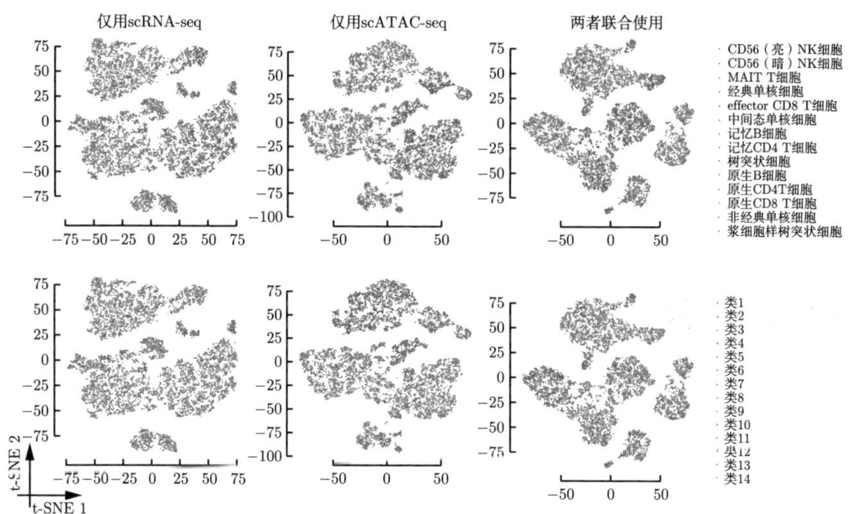

图 4.19　scDEC 分别在单细胞单组学与多组学数据下的 t-SNE 可视化结果

PBMC 细胞类型的几种标记基因的差异表达谱如图 4.20 所示。首先将不同的标志基因（Marker gene）在不同细胞中的表达归一化，随后在 t-SNE 可视化结果中利用不同的颜色显示不同的基因表达水平。其中颜色越深代表基因表达的水平越高，颜色越浅代表基因表达的水平越低。发现有几种差异表达基因的富集非常明显，仅举几例，如 MS4A1 是 B 细胞的著名标记基因[216]，可以清晰地观察到该 marker 基因在原生 B 细胞（Naive B cell）及记忆 B 细胞（Memory B cell）中具有非常明显的富集现象，在 t-SNE 可视化结果中的具体体现是在右下角对应的两种 B 细胞类型中具有明显的高表达，而在其他类型的细胞中表达则接近于 0。观察到树突状细胞（DC）的标记基因 FCER1A 在 scDEC 鉴定的非常小的一个聚类簇中（t-SNE 可视化的最上方）高表达[217]，而在其他类型的细胞中表达接近于 0。CD8A 这个著名的 T 细胞 marker 基因可以看到在原生 CD8 T 细胞（Naive CD8 T cells）及影响 CD8 T 细胞（Effector CD8 T cells），甚至是在 MAIT T 细胞中都有非常明显的富集情况，相对于其他几个标志基因，CD9A 的高表达的细胞分布稍微广泛一些。CCR7 这个 marker 基因则在记忆 CD4 T 细胞（Memory CD4 T cells）、原生 CD8 T 细胞（Naive CD8 T cells）及原生 CD4 T 细胞（Naive CD4 T cells）中富集现象特别明显，另外在部分 B 细胞中也有一定程度的富集，与 CD8A 基因类似，高表达的细胞分布较为广泛。FCGR3A 这个 marker 基因是在特定的 monocytes 细胞（比如中间状态及非经典状态的 monocytes）中呈现高表达状态，而在其他类型的细胞中的表达水平则非常低。

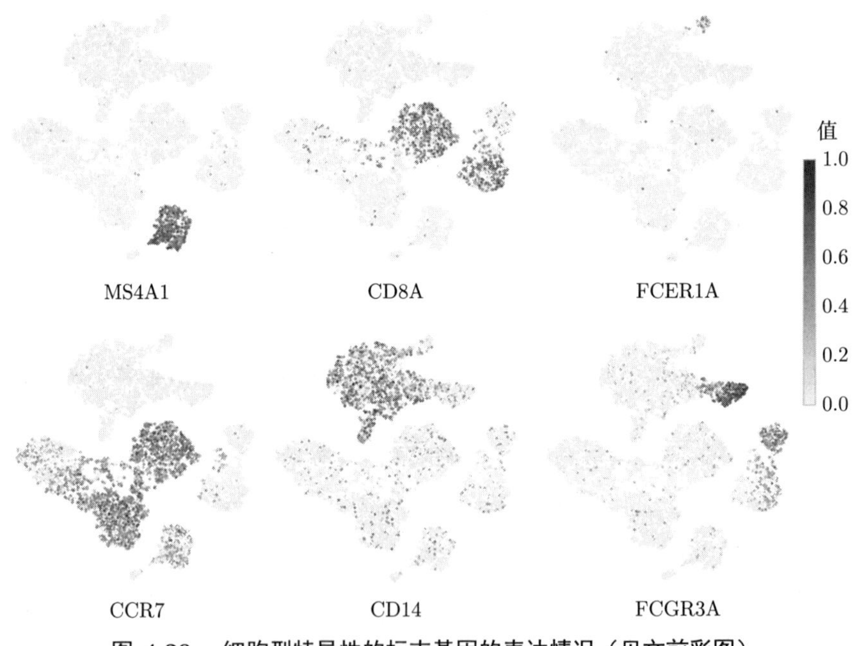

图 4.20 细胞型特异性的标志基因的表达情况（见文前彩图）

最后，还将 scDEC 与两种最新的多模式单细胞数据分析方法进行了比较。首先，利用 scDEC 分别处理单细胞基因表达数据及单细胞染色质开放性数据，随后将单细胞基因表达数据及单细胞染色质开放性数据共同输入 scDEC 模型中进行协同分析，非常明显可以看到，利用两种类型数据协同分析进行细胞聚类的结果要明显好于仅仅使用单种细胞类型的数据（图 4.21）。另外，也把 scDEC 与两种基于矩阵分解的方法（MOFA+[207] 与 scAI[208]）进行对比。scDEC 的 NMI 为 0.779，ARI 的值为 0.718，同质性得分为 0.752，在多个指标上都优于 MOFA+，在 ARI 指标上比 scAI 略高，而在 Homogeneity 这个指标上比 scAI 略低。总体而言，scDEC 在单细胞多组学数据上的表现也和当前最好的方法 scAI 可媲美。综上所述，scDEC 可以轻松扩展到单细胞多组学数据的协同分析中，从而帮助更好地解读多模态的单细胞数据。

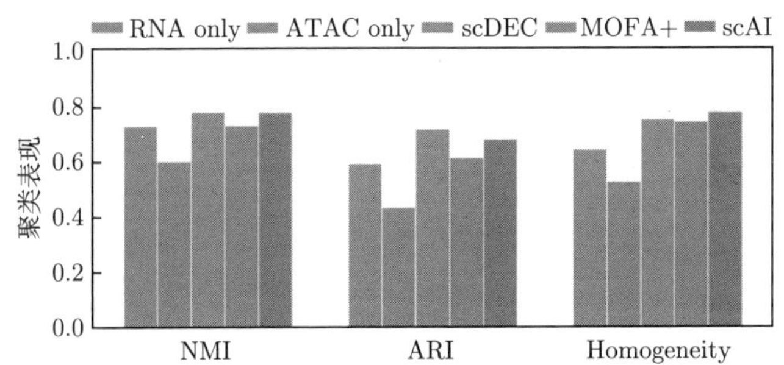

图 4.21 scDEC 在单细胞多组学数据下的聚类表现性能（见文前彩图）

4.6 scDEC 促进下游生物应用与发现

4.6.1 利用 scDEC 模型促进细胞特异性 motif 分析

接下来，探索 scDEC 是否可以帮助识别特定于细胞类型的 motif，这对于理解细胞特异性的基因调控至关重要。为了实现这一目标，首先，将 scDEC 模型应用于小鼠 Forebrain 数据集，以推断单个细胞的簇标签，然后使用 chromVAR[83] 从 JASPAR 数据库[148] 中鉴定簇特异性的富集 motif。对簇特有的富集 motif 进行排名，具体做法则是通过簇特异性 motif 曼-惠特尼检验（Mann-Whitney U test）[218] 来确定，其对等假设（alternative hypothesis）是一个聚类簇或多个聚类簇中的细胞的 chromVAR 分数[83] 与其余细胞的 chromVAR 分数相比有正向偏移。

然后根据 p 值对 motif 进行排名。发现了几种重要的 motif 富集模式（图 4.22）。既观察到单个簇特异性 motif，又观察到两个（簇 1 和 6）或三个簇（簇 2，3 和 4）中 motif 的共出现，这可能揭示了对应于多个 TF 的共调节机制。例如，富含于簇 1（单边 Mann-Whitney U 检验，p 值为 6.14×10^{-51}）的 En1 是星形胶质细胞（AC）中脑命运的著名标记物[219]。据报道，Neurod2（p 值为 4.50×10^{-239}）调节构成主要兴奋性神经元（EX）群体的皮层投射神经元[220]。Meis1（p 值为 6.68×10^{-59}）在与神经祖细胞的神经分化中起着至关重要的作用[221]。Vax1（p 值为 2.84×10^{-126}）是一个新的含同源异形盒的基因，可调节基础前脑的发育[222]。Elk1（p 值为 1.87×10^{-71}）不足的影响被证明表明小胶质（MG）激活[223]。Sox9 的化合物损失（p 值为 3.81×10^{-137}）可能导致少突胶质细胞（OC）祖细胞进一步减少[224]。簇特异性排名前三的 motif 详细的信息见表 4.2。

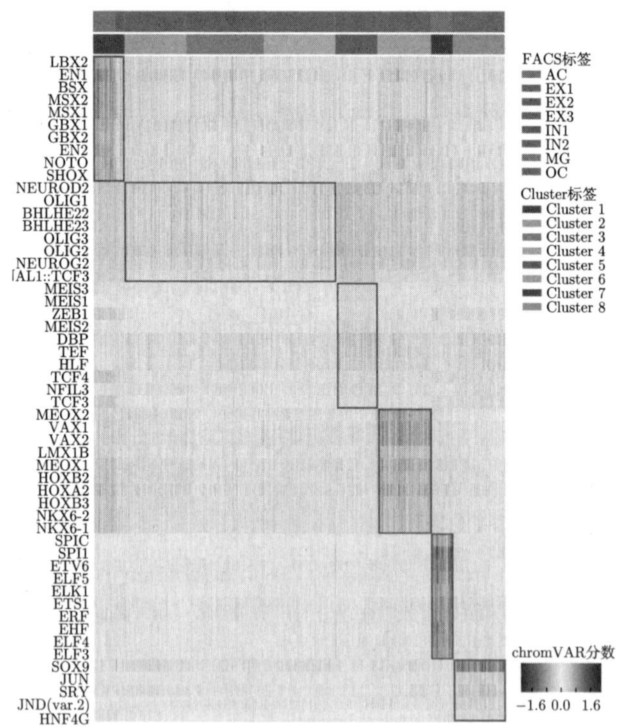

图 4.22　聚类簇特异性 motif 所对应的 chromVAR 得分热力图（见文前彩图）

表 4.2　簇特异性 motif 详细信息

Motif	家族	富集的簇	富集细胞型	p 值
LBX2	NK-related factors	1	Astrocyte	1.04×10^{-51}
EN1	NK-related factors	1	Astrocyte	6.14×10^{-51}
BSX	NK-related factors	1	Astrocyte	2.60×10^{-50}
MEIS3	TALE-type homeodomain factors	5	Inhibitory neuron 1	1.44×10^{-61}
MEIS1	TALE-type homeodomain factors	5	Inhibitory neuron 1	6.68×10^{-59}
ZEB1	HD-ZF factors	5	Inhibitory neuron 1	1.13×10^{-58}
MEOX2	HOX-related factors	6	Inhibitory neuron 2	9.36×10^{-133}
VAX1	NK-related factors	6	Inhibitory neuron 2	2.84×10^{-126}
VAX2	NK-related factors	6	Inhibitory neuron 2	2.84×10^{-126}
SPIC	Ets-related factors	7	Microglia	2.02×10^{-73}
SPI1	Ets-related factors	7	Microglia	2.09×10^{-73}
ETV6	Ets-related factors	7	Microglia	9.91×10^{-72}
SOX9	SOX-related factors	8	Oligodendrocyte	3.81×10^{-137}
JUN	Jun-related factors	8	Oligodendrocyte	5.38×10^{-105}
SRY	SOX-related factors	8	Oligodendrocyte	1.77×10^{-96}

有趣的是，在三种相似的细胞类型（EX1-EX3）中，还发现了仅在一个或两个特定簇中富集的 motif，这些簇对应于由 scDEC 鉴定的 EX 细胞（图 4.23）。比如，发现了仅仅在簇 2 和簇 4 中表现富集的 3 个 motif，分别是 TBX21、TBR1 和 TBX20，它们对应富集的细胞型是 EX1 和 EX3。另外还发现了仅仅在簇 3 中富集的 RFX-家族的 4 个 motif，分别是 RFX-4、RFX-3、RFX-2 及 RFX-5，它们对应的富集的细胞型是 EX2。

根据 chromVAR 计算的富集得分，在 Forebrain 数据集在 t-SNE 可视化中展示了几种示例文献验证的 motif（图 4.24）。可以看出，展示的几个实例 motif 在单个簇或者多个簇中富集明显。左上方的图代表了 scDEC 学习到的低维表示经过 t-SNE 在二维空间的可视化结果，其中按照 Forebrain 数据集提供了细胞类型作为标签来染色，可以看出除了几类兴奋性神经元细胞（EX1-3）间或多或少有些混合，其他大多数类型的细胞都能被明显区分开来。剩下的五个子图分别代表了簇特异性的 motif 在不同细胞下的 chromVAR 得分情况，其中暖色代表高分，冷色代表低分。可以明显地看出这些 motif 都具有明显的簇特异性分布（cluster specific）。比如，Neurod2 这个 motif 就在兴奋神经元（EX）细胞中富集，具体则是体现在利用 chromVAR 软件计算 motif 在不同细胞中的得分时，兴奋神经元（EX）细胞中得分明显高于其他细胞中的得分（暖色代表 chromVAR 高得分，冷色代表 chromVAR 低得分）。这和文献中记载的 Neurod2 的功能也是非常吻合的[220]。除此之外，也观察到了像 Vax1 这个 motif 在左下角的簇中非常富集，刚好对应的是第二类抑制性神经元（IN2）细胞型。同时，也观察到在星形胶质细胞（AC）中也有一定程度的富集。Vax1 也被证明是一个新的含同源异形盒的基因，可调节基础前脑的发育[222]。Meis1 则主要富集在右侧的簇中，这个簇主要由第一类抑制性神经元（IN1）细胞组成。同样也可以看出 Meis1 在兴奋神经元（EX）细胞也有一定程度的富集。如果关注最左下方的簇，会发现有一个富集程度非常高的 ELK1，这个 motif 仅仅在这个簇里富集，在其他簇中几乎没有任何富集的情况。富集的这个簇所代表的主要是小胶质细胞（MG）。恰巧 ELK1 这个基因被证明表达的不足会影响小胶质（MG）激活[223]。最后的 Sox9 这个 motif 在靠近下半区的簇里都具有或多或少的富集，尤其是富集在少突胶质细胞（OC）祖细胞中，这一点也和已知的文献相符合[224]。

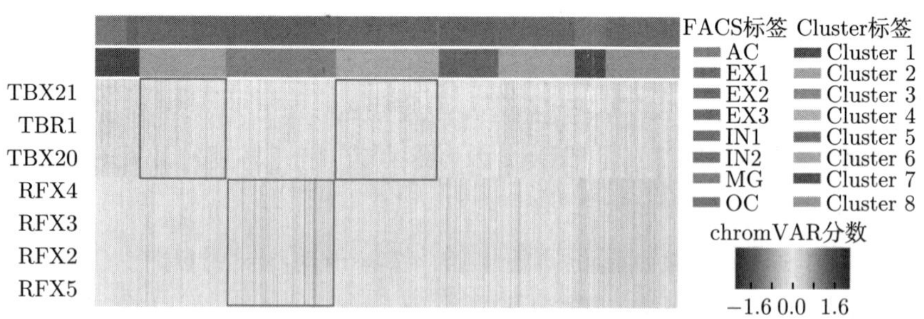

图 4.23 针对 EX 细胞亚型的簇特异性 motif 分析（见文前彩图）

motif	族系	富集类	富集细胞型	p值
TBX21	Tbrain-相关因子	1, 3	兴奋性神经元1,3	2.32×10^{-130}
TBR1	Tbrain-相关因子	1, 3	兴奋性神经元1,3	1.74×10^{-118}
TBX20	TBX1-相关因子	1, 3	兴奋性神经元1,3	1.34×10^{-114}
RFX4	RFX-相关因子	2	兴奋性神经元2	1.07×10^{-48}
RFX3	RFX-相关因子	2	兴奋性神经元2	2.63×10^{-48}
RFX2	RFX-相关因子	2	兴奋性神经元2	1.79×10^{-47}
RFX5	RFX-相关因子	2	兴奋性神经元2	2.83×10^{-44}

图 4.23 （续）

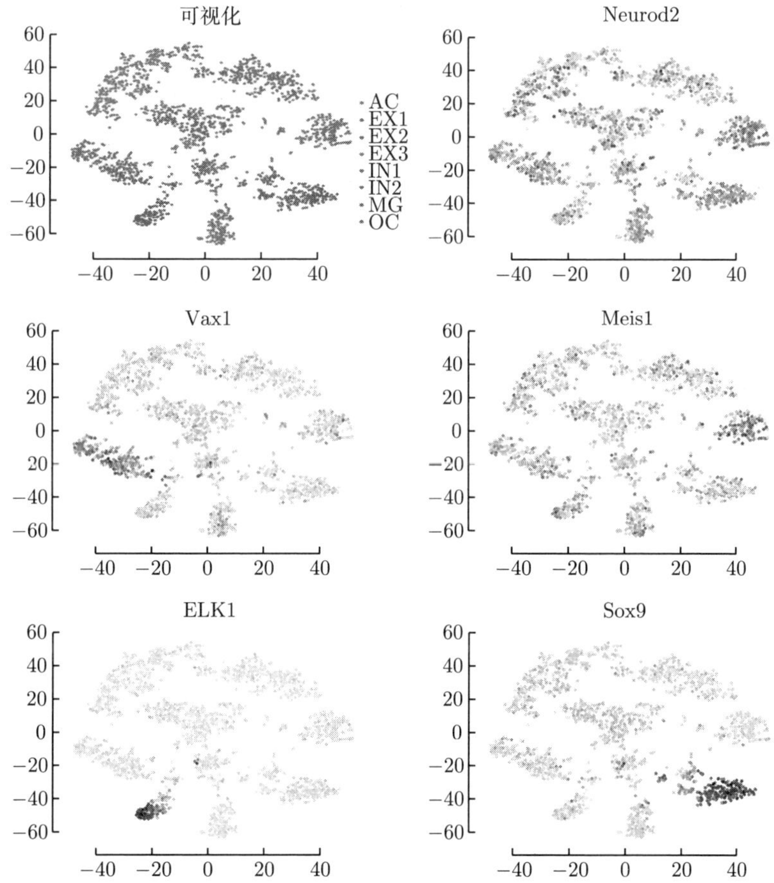

图 4.24 典型聚类簇特异性 motif 在 t-SNE 可视化中 chromVAR 分数富集情况（见文前彩图）

通过利用 chromVAR 计算不同 motif 在不同细胞中的得分，随后利用 scDEC 模型自动推断得出的簇类别标签，通过假设检验的方式对不同 motif 在特定簇类别中的富集程度进行量化估计，从而确认了多种不同的簇特异性分布（cluster specific）的 motifs。这说明利用 scDEC 自动推断得出的簇类别标签可以帮助更好地发现簇特异性的 motif，从而促进对不同簇类型的功能推断与分析。

4.6.2 利用 scDEC 模型促进细胞轨迹推断分析

接下来，在造血分化过程中将 scDEC 应用于轨迹推断。从全血数据集的供体 BM0828 收集了细胞，该细胞包含来自 7 个亚群的处于不同分化阶段的 533 个细胞。在获得 scATAC-seq 数据的低维表示形式和推断的簇标签后，使用 Slingshot 软件[225] 注释平滑曲线，具体而言，使用具有默认参数的 Slingshot 软件[225] 进行轨迹推断。鉴于 scDEC 推断出的潜在特征和细胞簇标签，Slingshot 能够注释平滑曲线，这些曲线表示不同的细胞谱系（图 4.25）。具有树型结构的平滑曲线与真正的造血分化树基本一致。尽管已证明 CMP 可以分化为 GMP 和 MEP33，但在该数据集中仅观察到了从 CMP 到 MEP 的分化路径。

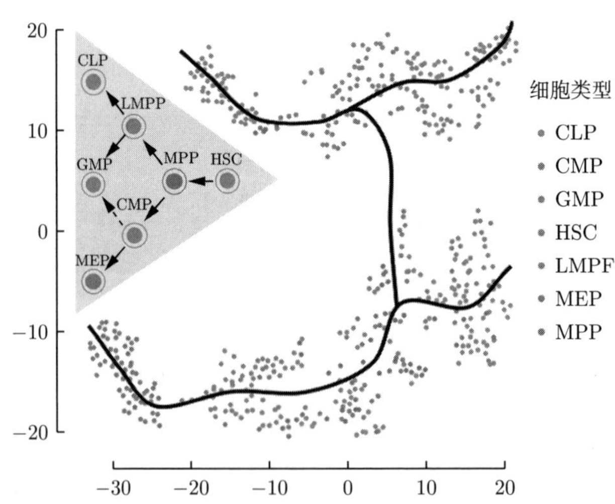

图 4.25 scDEC 自动推断出造血分化过程的轨迹（见文前彩图）

然后，从 MPP、LMPP 和 CLP 中提取了细胞，用于进一步的研究，其中存在分化路径（MPP→LMPP→CLP）。为了充分利用 scDEC 的生成能力，首先将 LMPP 排除在外，并根据仅由 MPP 和 CLP 单元组成的剩余单元来训练 scDEC。然后，通过插入潜在标签指示符来生成处于中间状态（LMPP）的数据，并将估算的数据与真实数据一起可视化。有趣的是，当插值系数 α 从 0 变为 1 时，估算数据似乎捕获了从 MPP 到 CLP 的动力学差异路径。具体而言，当 $\alpha = 0.5$ 时，根据 t-SNE 可视化，生成的 scATAC-seq 数据类似于实际 LMPP 数据（图 4.26（a））。接下来，研究潜在指示符上的插值是否比直接在原始 scATAC-seq 上插值更有效的数据生成方式。将 LMPP 细胞的所有 scATAC-seq 数据平均为一个元细胞，并计算生成的数据与元细胞之间的皮尔逊相关性。通过 scDEC 生成的数据比通过直接插值和对 PCA 缩减数据进行插值生成的数据具有更高的相关性（图 4.26（b））。综上所述，scDEC 的生成能力有助于恢复 scATAC 数据的丢失的细胞类型，并探索两种相邻的 scATAC-seq 数据的中间状态。

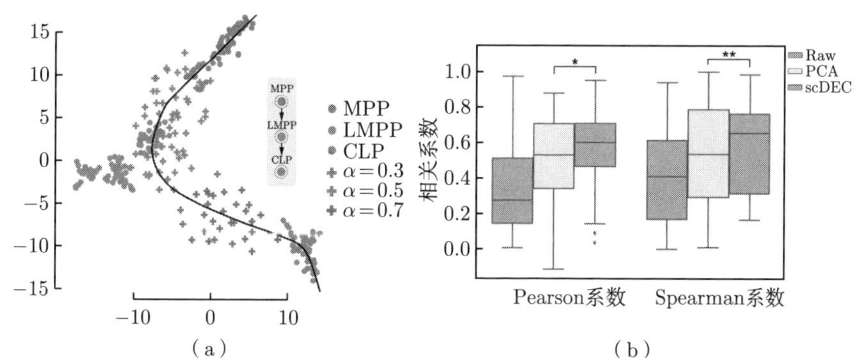

图 4.26　scDEC 生成高质量的中间状态细胞对应的染色质开放性数据（见文前彩图）

4.6.3　利用 scDEC 模型消除单细胞数据中的实验技术噪声

单细胞实验通常在捕获时间、设备甚至技术平台上存在明显差异，这可能会在数据中引入批量效应（batch effect）。评估 scDEC 是否可以在培训过程中自动纠正或减轻批量影响。从两个供体 BM0828 和 BM107723 收集了包含三种细胞类型（CLP、LMPP 和 MPP）的人类造血细胞。将来自两个供体的细胞混合在一起，并评估了通过 scDEC 和其他方法学习的嵌入对细胞类型和供体导致的变异的解决程度。请注意，每种方法的潜在维数都固定为 13，并且每种方法都没有输入任何供体信息。由于 scDEC 的嵌入取决于聚类簇类别 K，并检查了间隙统计量，发现分别在 $K = 3$ 和 $K = 5$ 处出现两个峰，于是分别设定 $K = 3$ 与 $K = 5$。scDEC 和其他方法的嵌入结果如图 4.27 所示。可以看出，scDEC（$K = 5$）、cisTopics 和 SnapATAC 可以很好地捕获三种细胞类型及其中两种细胞的供体效应，SCALE 不能很好地捕获，而第三种细胞类型的供体效应（CLP）太小而无法识别。有趣的是，在 $K = 3$（缺口统计的第一个峰值）时，scDEC 的聚类结果几乎与三种细胞类型完全匹配。具体而言，SCALE 基本上无法清晰地分离出三种类型的细胞。cisTopic 和 SnapATAC 无法减轻 LMPP 或 MPP 细胞中的供体效应，因为在 t-SNE 图中，来自两个不同供体的相同类型的细胞以明显的距离分开。考虑第一种模式，其中 $K = 3$，scDEC 将来自供体 BM0828 的 9 个细胞和来自供体 BM1077 的 17 个细胞错误地聚类，总错误率达 6.86%。此外，scDEC 的 NMI 为 0.754，ARI 为 0.805，同质性为 0.757，仍然大大优于其他比较方法（图 4.27（b））。从这个意义上讲，我们的方法可用于调整聚类和可视化中的供体或批次效应。

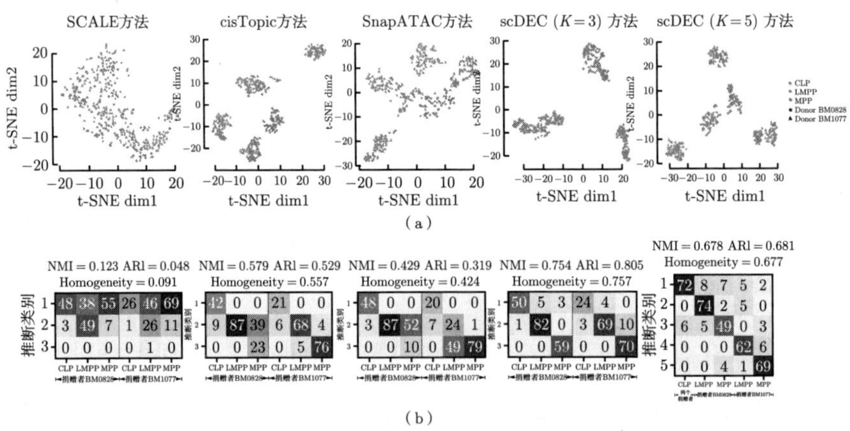

图 4.27　应用 scDEC 消除供体差异影响的分析（见文前彩图）

下一步将 K 设置为 6，这个时候，同时考虑了不同的细胞类型及供体类型。有意思的是由于来自两个不同供体的 CLP 细胞差别太小，scDEC

及其他方法均无法区分（图 4.28 中紫色记号）。这个时候，scDEC 模型强制学习到了一个新的类别（簇 4），该类别由第一个供体的 3 个 LMPP 细胞、7 个 MPP 细胞，以及第一个供体的 3 个 CLP 细胞、8 个 LMPP 细胞、8 个 MPP 细胞共同组成一个小簇（minor cluster），在图 4.28 中被黄色记号标出。

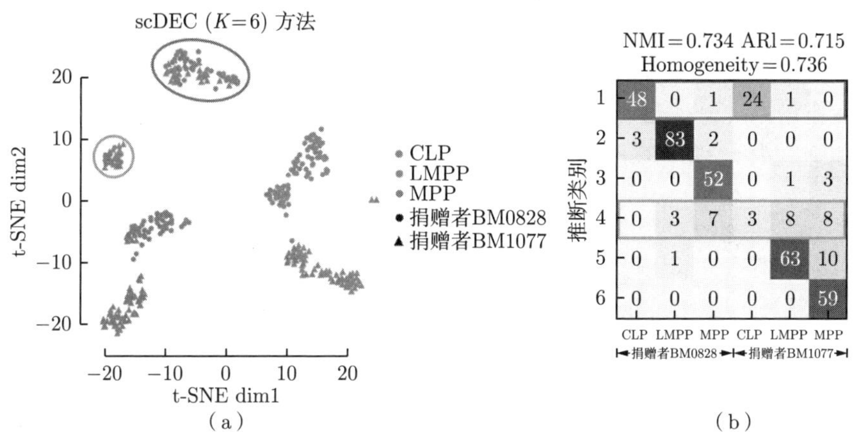

推断类别	捐赠者BM0828 CLP	捐赠者BM0828 LMPP	捐赠者BM0828 MPP	捐赠者BM1077 CLP	捐赠者BM1077 LMPP	捐赠者BM1077 MPP
1	48	0	1	24	1	0
2	3	83	2	0	0	0
3	0	0	52	0	1	3
4	0	3	7	3	8	8
5	0	1	0	0	63	10
6	0	0	0	0	0	59

图 4.28　scDEC 在聚类簇数目为 6 下对细胞类型与供体差异的区分情况（见文前彩图）

接下来，通过可视化仔细分析了 scDEC 学习到的潜在特征。注意到，对应于潜在离散变量的特征（特征 11~13）与生物细胞类型高度相关，而其他特征或多或少地揭示了细胞内类型的变异（图 4.29）。例如，特征 1 在 LMPP 的供体 BM1077 和 MPP 的 BM0828 中高度表达。特征 10 可以是 LMPP 的捐助者特定指标。

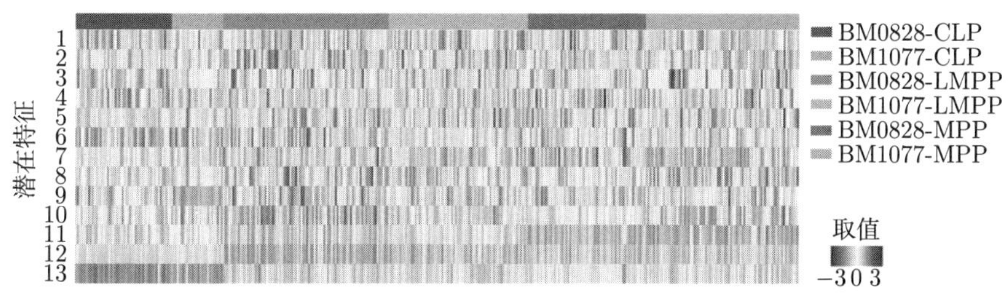

图 4.29　scDEC 潜在特征的可视化热力图（见文前彩图）

此外，提出了一种挖掘潜在特征下的 motif 信息的策略（图 4.30）。从 scDEC 学习的潜在特征中挖掘主题的总体思路如下。首先，根据潜在特征的值对细胞进行排序。然后，选择顶部 20%和底部 20%的细胞作为正细胞集合和负细胞集合。接下来，针对正细胞集合和负细胞集合中的染色质开放性对每个峰进行 Wilcoxon 秩和检验。可区分的峰和不可区分的峰中的 DNA 序列分别被认为是靶序列和背景序列。最后，借助 Homer 工具，根据目标序列和背景序列挖掘序列 motif 信息。通过该策略，特征 2 排名最高的 motif（p 值为 1×10^{-90}）为 SP1，事实证明它会影响多个造血谱系[226]。综上所述，潜在空间中的可解释特征揭示了生物细胞类型和细胞内类型的变化。

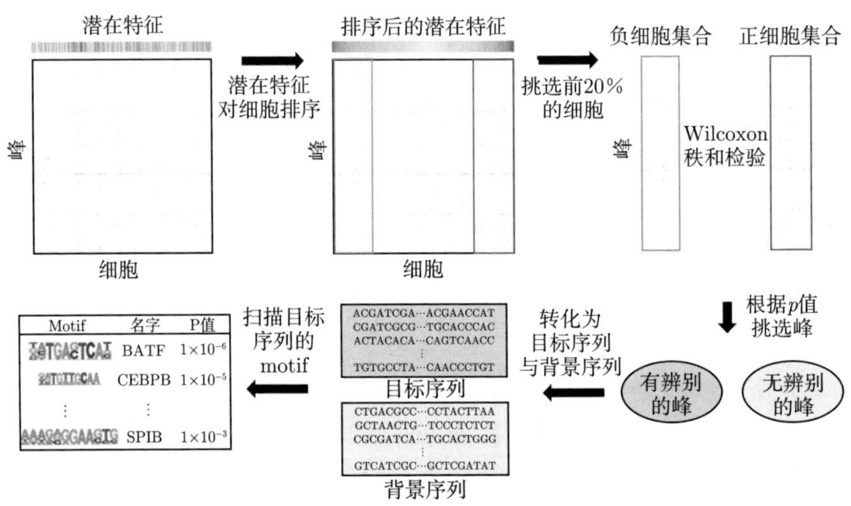

图 4.30　挖掘潜在特征所蕴含的 motif 策略

4.7　小　　结

本章的主要贡献在两个方面，一方面提出了通用性的神经网络密度估计模型 Roundtrip，该模型打破了以往神经网络密度估计器对隐空间和模型架构的诸多限制，建立了更为灵活的神经网络密度估计模型。Roundtrip 在一系列密度估计任务中都表现出了优于已有方法的性能。更重要的是，Roundtrip 模型针对的是应用性极其广泛的基础统计问题深度估计，其在机器学习、贝叶斯统计等领域都具有广泛的应用前景。比如，统计领域中的 likelihood-free inference 及 Markov chain Monte Carlo（MCMC）方法往往需要准确的密度估计器，相对于其他的密度估计器，除了在密度估计准确度上的优势外，Roundtrip 由于其神经网络模型 mini-batch 的训练特性，对于时序数据、动态更新数据的密度估计也具有先天优势，即不需要重新训练模型，直接在当前的模型基础上做微调（fine-tune）即可。再比如，在机器学习领域，密度估计在监督学习、非监督学习等领域均有很大的应用前景，在监督学习领域，Roundtrip 模型利用条件密度估计计算贝叶斯后验概率，从而达到分类的效果，在常见的手写字体数据库 MNIST 的测试集中取得了 98.3%的分类准确率[188]。在非监督学习（比如，聚类任务）领域，则是重点将 Roundtrip 思想应用于单细胞数据分析中，并提出了 scDEC 模型，这也是本章的第二个主要贡献。

scDEC 模型使用深度生成模型准确识别 scATAC-seq 数据中的细胞类型。与以前的研究不同，降维和聚类是两个独立的任务。通过精心设计基于 GAN 的对称体系结构，scDEC 固有地将低维表示学习和无监督群集集成在一起。scDEC 可以用作 scATAC-seq 数据分析的强大工具，包括可视化、聚类和轨迹分析。在一系列实验中，与其他基准方法相比，scDEC 达到了更高的性能。在下游应用中，主要专注于 scDEC 的生成能力，它可以促进中间单元状态的推断。scDEC 学习到的潜在特征揭示了生物细胞类型和细胞内类型的变异，这有助于更好地了解生物学机制。提供的示例还表明，scDEC 可以处理非常大的数据集，并且适用于多组学单细胞数据分析。

另外，还提供了改善 scDEC 的几个方向。首先，将 scDEC 应用于 scRNA-seq 和 scATAC-seq 数据的联合分析时，如果 scDEC 模型纳入了基因与调控元件（RE）之间的关系，则可能有助于进一步提高聚类性能。其次，可以进一步探索利用 scDEC 的产生能力的方法，尤其是在复杂的基于树的细胞分化轨迹或细胞发育的时程单细胞谱中。第三，注意到已经有几种工具用于单细胞批量效应校正，如 Seurat-v3[227] 和 Harmony[228]。探索如何将这种用于去批量效应的程序集成到 scDEC 模型中是很值得研究的。

使用 scDEC,研究人员可以对感兴趣的细胞类型或组织进行 scATAC-seq 分析或单细胞联合 ATAC/RNA-seq 分析。然后，人们可以同时对单细胞数据进行聚类，并发现所学潜在特征的生物学发现。希望 scDEC 可以帮助揭示单细胞调节机制，并有助于理解异种细胞群体。

针对 scDEC 模型的研究内容主要从单细胞的角度研究了染色质开放性的分析方法，并提出了基于循环对抗生成式模型的单细胞数据分析方法 scDEC。首先，从概率密度估计的角度研究了该模型的理论基础，并在一系列的实验中，验证了 scDEC 模型在细胞聚类、轨迹推断、motif 分析等任务上都表现出的优异性能。值得注意的是，scDEC 模型具有很好的延展性。这个延展性分为两个角度，第一，随着单细胞测序技术的发展，测序成本下降、测序通量提高，可以清楚地预见大规模的单细胞数据将会逐渐产生和积累，而基于神经网络模型的 scDEC 模型由于其 minibatch update 的训练策略，对大规模的单细胞数据具有很好的适用性。第二，随着不同单细胞组学技术的方法的发展，同一个细胞中测量多种不同的单细胞组学数据，如转录组数据及表观遗传组数据成为可能。scDEC 以 scATAC-seq 和 scRNA-seq 为例子，展示了其扩展到多组学单细胞数据的良好效果及适用性。这使 scDEC 模型对今后单细胞数据的单独分析及联合分析都具有很好的应用价值。

与第 3 章中细胞群（Bulk）染色质开放性的研究思路具有一定的区别。从方法论的研究思路而言，细胞群染色质开放性的研究思路主要是以监督学习的思路为主，目的是探索不同细胞系下、不同基因组区域下决定染色质开放性信号的序列背景及调控信息等。而单细胞染色质开放性数据分析更多采用的是非监督学习的思路，即以每个细胞的信号作为独立样本，对细胞群内每一个独立的细胞行为进行建模分析。本章与第 3 章在逻辑上呈现了递进关系，反映了高通量测序技术从细胞群测序发展到单细胞测序的一个转变。

最后从信息学思想、机器学习领域贡献来总结本章研究内容。首先，本章研究内容在信息学上的思想主要体现在两个方面，一是通过概率密度建模的思路来构建针对单细胞染色质开放性数据分析的非监督学习模型，二是从生成式模型（生成对抗式网络）的角度来研究单细胞染色质开放性数据。“概率密度估计”与“生成式模型”在单细胞数据的分析中均为比较新颖的概念，我们的研究也说明了生成式模型在单细胞数据分析中的有效性。另外，从机器学习的角度来分析本章所提出的 Roundtrip 及 scDEC 方法，该循环式的对抗生成网络结构之前仅仅应用在了图像风格迁移领域中，在概率密度估计及非监督学习等任务上尚未涉及，在机器学习领域的主要贡献则可总结为探索了循环式的对抗生成网络在密度估计、非监督学习等任务中的应用。

第 5 章　总结与展望

5.1　总　　结

本书以信息科学、生命科学和医学交叉为主要特征，以染色质开放性这一重要的表观遗传学信号为研究主线，旨在研究针对染色质开放性综合性预测与分析的机器学习方法论。通过整合多种组学数据等手段，系统性构建染色质开放性预测与分析模型，挖掘不同基因组数据中潜在的模式，形成生物医学领域具有参考意义的知识库，从而以信息手段指导遗传学数据的解释、重大疾病病理机制的解析，促进信息科学与生命科学和医学的学科交叉。

本书关注的主要科学问题包括细胞群染色质开放性信号预测中跨物种的 DNA 序列信息整合问题、细胞群染色质开放性信号预测中不同形式序列特征结合问题、细胞群染色质开放性信号预测中转录因子信息融合问题、单细胞染色质开放性数据中细胞类型发现问题、单细胞染色质开放性数据中细胞低维表示问题等。具体的研究内容可以总结为以下三个方面。

第一，研究了基于 DNA 序列信息预测染色质开放性的机器学习方法。序列信息作为基因组数据中获取成本最低的数据，在编码基因调控信息、形成染色质三维机构、决定蛋白质与 DNA 分子的相互作用等方面都起着至关重要的作用。针对人体基因组约 30 亿对碱基进行有效的分析与特征表示的研究尚不充分等现状，本研究思路则是直接通过序列信息来预测染色质开放性，从而能在不借助任何其他实验数据的情况下探索染色质开放性的序列偏好性。首先，提出了整合来自多物种序列比对的保守性信息的随机森林模型来预测染色质的开放性，体现了“数据整合”的研究思路；接着提出了结合 DNA 序列手动提取的 k 聚体特征及神经网络自动学习到的序列特征的混合神经网络模型来预测染色质开放性，体现了自动特征与手动特征“特征结合”的研究思路。通过利用训练得到的模型来判断单核苷酸位点突变可能带来的影响，进而解释全基因组关联研究数据，为解析遗传突变位点提供了崭新的思路。另外，神经网络的灵活性及对大规模基因组数据的可扩展性也得以充分的体现。

第二，研究了整合其他组学数据预测染色质开放性的机器学习方法。传统的基于序列信息研究染色质开放性的方法尽管在数据获取方面具有一定的优势，但其最大的局限性体现在序列信息为不同器官、组织、细胞所共享，故无法进行跨细胞系的预测。针对单纯利用基因组序列信息无法体现不同细胞系、组织间染色质开放性信号的差异性问题，本研究的解决思路是通过引入转录因子的表达及 motif 信息，通过“知识融合”的方式整合转录因子的先验信息与实验信息，从而完成跨细胞系的预测。通过利用训练好的数据可以量化不同细胞环境下单核苷酸位点突变所带来的影响，并为全基因组测序数据中的突变进行有效解释。通过神经网络建模从基因组序列、转录因子绑定状态到染色质开放性的关系，充分考虑了基因调控中绑定蛋白与顺式作用元件的相互作用关系，从而实现精准的染色质开放性跨细胞系预测。

第三，研究了单细胞层次染色质开放性分析的机器学习方法。与前两个研究内容不一样的是，单细胞层次染色质开放性数据往往将一个细胞全基因的染色质开放信息作为基本研究单位，并且由于细胞标签往往缺乏等原因，研究的方法往往属于无监督学习范畴。针对单细胞数据普遍存在的高维度、高稀疏性等特性，在本研究内容中，针对单细胞数据极高维度、极度稀疏等共性关键难题，提出了高维稀疏数据的神经网络概率密度估计原创理论。基于这一具有广泛应用的理论框架，本研究突破了单细胞数据分析中数据降维表示和细胞聚类需要分别进行的局限，提出集数据降维、数据生成及细胞聚类于一体的神经网络模型，在对单细胞数据降维的同时进行细胞类型辨识，并进一步实现了融合同一细胞染色质开放性和基因表达数据对细胞类型的精准辨识。整体体现了“模型迁移”的研究特点，并建立了从“方法创新”到“应用创新”的研究范式。

本研究的三个研究内容侧重各有不同，但又联系非常紧密，具有良好的层次性和系统性。本研究的整体思路体现了以信息科学领域从数据获取信息、从信息产生知识、利用知识指导应用的规范，同时遵循了“数据融合、信息迁移”的研究范式。所研究的内容既在统计学、机器学习领域具有一定的理论意义，又在生物医学领域具有一定的应用价值。

5.2 未来展望

回顾研究内容，尽管针对不同场景、不同层次的染色质开放性数据预测与分析提出了多个机器学习模型，并取得了一定的预测效果与应用成果，但仍然存在着很多不足有待在未来的研究中进一步完善。在研究细胞群染色质开放性数据预测的机器学习方法中，研究视角过于聚焦单个基因组区域在不同细胞环境中的染色质开放性，而忽视了不同调控元件的类型（如启动子、增强子、沉默子等）及不同调控元件与基因所组成的调控网络。尽管第二部分研究内容通过引入转录因子的表达与 motif 信息也属于调控信息的范畴，但转录因子、调控元件、基因这三者的关联关系并没有体现在模型设计当中，从而未能充分利用调控网络的信息，假如能够进一步整合调控网络的信息，相信机器学习的预测模型效果会有进一步的提升。在研究单细胞染色质开放性预测的机器学习方法中，大多数研究方法都是通过聚合的单细胞数据首先进行峰区域检测来确定研究的区域，从而仅仅利用这些区域的染色质开放性进行下一步研究，这种做法的成功很大程度上依赖于峰检测算法的敏感度。而罕见细胞类型由于其原始读段数少，往往在选取峰区域的时候就直接过滤掉，这样从根本上限制了罕见细胞类型发现这一重要科学问题的进展。所以如何构造单细胞染色质开放性数据的有效特征显得非常重要。另外在整合单细胞多组学数据应用中，不同组学数据的整合方式目前过于粗糙，未能充分考虑不同组学单细胞数据之间的充分联系，比如，单细胞染色质开放性与单细胞基因表达数据可以仍然通过调控网络或者单细胞三维基因组数据建立连接，从而更好地将其有机地整合到一起，完成单细胞多组学数据的有效分析。

整体而言，本研究属于信息科学、生命科学和生物医学等领域的高度交叉。在未来的研究中，一方面需要关注机器学习领域的最新动态和前沿研究成果。另一方面也需要关注生命科学与医学领域的前沿生物技术与应用，并从中抽象出数学模型，利用前沿的人工智能技术为大量的生物医学数据赋能，助力生物大数据的全方位、多层次深度解析，旨在从数据科学的角度促进对重大生命科学与基础医学问题的理解，从而助推“健康中国”的战略实施。

参考文献

[1] CRICK F H. On protein synthesis[J]. Symp Soc Exp Biol, 1958, 12(138-63):8.

[2] COLLINS F S, MORGAN M, PATRINOS A. The human genome project: lessons from large-scale biology[J]. Science, 2003, 300(5617):286-290.

[3] SCHOENFELDER S, FRASER P. Long-range enhancer–promoter contacts in gene expression control[J]. Nat Rev Genet, 2019, 20(8):437-455.

[4] WITTKOPP P J, HAERUM B K, CLARK A G. Evolutionary changes in cis and trans gene regulation[J]. Nature, 2004, 430(6995):85-88.

[5] GAMAZON E R, SEGRÈ A V, VAN DE BUNT M, et al. Using an atlas of gene regulation across 44 human tissues to inform complex disease-and trait-associated variation[J]. Nat Genet, 2018, 50(7):956-967.

[6] GOODWIN S, MCPHERSON J D, MCCOMBIE W R. Coming of age: ten years of next-generation sequencing technologies[J]. Nat Rev Genet, 2016, 17(6):333.

[7] CONSORTIUM E P, et al. An integrated encyclopedia of dna elements in the human genome[J]. Nature, 2012, 489(7414):57.

[8] BERNSTEIN B E, STAMATOYANNOPOULOS J A, COSTELLO J F, et al. The nih roadmap epigenomics mapping consortium[J]. Nat Biotechnol, 2010, 28(10):1045-1048.

[9] GAWAD C, KOH W, QUAKE S R. Single-cell genome sequencing: current state of the science[J]. Nat Rev Genet, 2016, 17(3):175.

[10] MANGUL S, MARTIN L S, HILL B L, et al. Systematic benchmarking of omics computational tools[J]. Nat Commun, 2019, 10(1):1-11.

[11] LI M, BELMONTE J C I. Ground rules of the pluripotency gene regulatory network[J]. Nat Rev Genet, 2017, 18(3):180.

[12] LECUN Y, BENGIO Y, HINTON G. Deep learning[J]. Nature, 2015, 521 (7553):436-444.

[13] SANGER F, NICKLEN S, COULSON A R. Dna sequencing with chain-

terminating inhibitors[J]. Proc Natl Acad Sci USA, 1977, 74(12):5463-5467.

[14] WATSON J D. The human genome project: past, present, and future[J]. Science, 1990, 248(4951):44-49.

[15] MARGULIES M, EGHOLM M, ALTMAN W E, et al. Genome sequencing in microfabricated high-density picolitre reactors[J]. Nature, 2005, 437(7057): 376-380.

[16] BENTLEY D R, BALASUBRAMANIAN S, SWERDLOW H P, et al. Accurate whole human genome sequencing using reversible terminator chemistry [J]. Nature, 2008, 456(7218):53-59.

[17] CAPORASO J G, LAUBER C L, WALTERS W A, et al. Ultra-high-throughput microbial community analysis on the illumina hiseq and miseq platforms[J]. ISME J, 2012, 6(8):1621-1624.

[18] WANG Z, GERSTEIN M, SNYDER M. Rna-seq: a revolutionary tool for transcriptomics[J]. Nat Rev Genet, 2009, 10(1):57-63.

[19] RICHARDS A L, MERRILL A E, COON J J. Proteome sequencing goes deep[J]. Curr Opin Chem Biol, 2015, 24:11-17.

[20] MEISSNER A, GNIRKE A, BELL G W, et al. Reduced representation bisulfite sequencing for comparative high-resolution dna methylation analysis[J]. Nucleic Acids Res, 2005, 33(18):5868-5877.

[21] PARK P J. Chip–seq: advantages and challenges of a maturing technology [J]. Nat Rev Genet, 2009, 10(10):669-680.

[22] JAIN M, KOREN S, MIGA K H, et al. Nanopore sequencing and assembly of a human genome with ultra-long reads[J]. Nat Biotechnol, 2018, 36(4): 338-345.

[23] National Human Genome Research Institute. DNA sequencing costs: data[EB/OL]. [2018-04-01]. https://www.genome.gov/about-genomics/fact-sheets/DNA-Sequencing-Costs-Data.

[24] SHALEK A K, SATIJA R, ADICONIS X, et al. Single-cell transcriptomics reveals bimodality in expression and splicing in immune cells[J]. Nature, 2013, 498(7453):236-240.

[25] NAVIN N, KENDALL J, TROGE J, et al. Tumour evolution inferred by single-cell sequencing[J]. Nature, 2011, 472(7341):90-94.

[26] GUO X, ZHANG Y, ZHENG L, et al. Global characterization of t cells in non-small-cell lung cancer by single-cell sequencing[J]. Nat Med, 2018, 24 (7):978-985.

[27] TANG F, BARBACIORU C, WANG Y, et al. Mrna-seq whole-transcriptome

analysis of a single cell[J]. Nat Methods, 2009, 6(5):377-382.

[28] CLARK S J, ARGELAGUET R, KAPOURANI C A, et al. Scnmt-seq enables joint profiling of chromatin accessibility dna methylation and transcription in single cells[J]. Nat Commun, 2018, 9(1):1-9.

[29] ROTEM A, RAM O, SHORESH N, et al. Single-cell chip-seq reveals cell subpopulations defined by chromatin state[J]. Nat Biotechnol, 2015, 33(11): 1165-1172.

[30] STEVENS T J, LANDO D, BASU S, et al. 3d structures of individual mammalian genomes studied by single-cell hi-c[J]. Nature, 2017, 544(7648): 59-64.

[31] CHEN X, LITZENBURGER U M, WEI Y, et al. Joint single-cell dna accessibility and protein epitope profiling reveals environmental regulation of epigenomic heterogeneity[J]. Nat Commun, 2018, 9(1):1-12.

[32] JIN W, TANG Q, WAN M, et al. Genome-wide detection of dnase i hypersensitive sites in single cells and ffpe tissue samples[J]. Nature, 2015, 528 (7580):142-146.

[33] KLEIN A M, MAZUTIS L, AKARTUNA I, et al. Droplet barcoding for single-cell transcriptomics applied to embryonic stem cells[J]. Cell, 2015, 161(5):1187-1201.

[34] HAN X, WANG R, ZHOU Y, et al. Mapping the mouse cell atlas by microwell-seq[J]. Cell, 2018, 172(5):1091-1107.

[35] CAO J, PACKER J S, RAMANI V, et al. Comprehensive single-cell transcriptional profiling of a multicellular organism[J]. Science, 2017, 357(6352): 661-667.

[36] LUGER K, MÄDER A W, RICHMOND R K, et al. Crystal structure of the nucleosome core particle at 2.8 Å resolution[J]. Nature, 1997, 389(6648): 251-260.

[37] RICHMOND T J, DAVEY C A. The structure of dna in the nucleosome core[J]. Nature, 2003, 423(6936):145-150.

[38] KORNBERG R D. Chromatin structure: a repeating unit of histones and dna[J]. Science, 1974, 184(4139):868-871.

[39] KOUZARIDES T. Chromatin modifications and their function[J]. Cell, 2007, 128(4):693-705.

[40] BANNISTER A J, KOUZARIDES T. Regulation of chromatin by histone modifications[J]. Cell Res, 2011, 21(3):381-395.

[41] RADMAN-LIVAJA M, RANDO O J. Nucleosome positioning: how is it

established, and why does it matter?[J]. Dev Biol, 2010, 339(2):258-266.

[42] KLEMM S L, SHIPONY Z, GREENLEAF W J. Chromatin accessibility and the regulatory epigenome[J]. Nat Rev Genet, 2019, 20(4):207-220.

[43] THURMAN R E, RYNES E, HUMBERT R, et al. The accessible chromatin landscape of the human genome[J]. Nature, 2012, 489(7414):75-82.

[44] KREBS A R, IMANCI D, HOERNER L, et al. Genome-wide single-molecule footprinting reveals high rna polymerase ii turnover at paused promoters[J]. Mol Cell, 2017, 67(3):411-422.

[45] FELSENFELD G, BOYES J, CHUNG J, et al. Chromatin structure and gene expression[J]. Proc Natl Acad Sci USA, 1996, 93(18):9384-9388.

[46] JOHN S, SABO P J, THURMAN R E, et al. Chromatin accessibility predetermines glucocorticoid receptor binding patterns[J]. Nat Genet, 2011, 43 (3):264-268.

[47] BAROZZI I, SIMONATTO M, BONIFACIO S, et al. Coregulation of transcription factor binding and nucleosome occupancy through dna features of mammalian enhancers[J]. Mol Cell, 2014, 54(5):844-857.

[48] DI STEFANO B, COLLOMBET S, JAKOBSEN J S, et al. C/ebpα creates elite cells for ipsc reprogramming by upregulating klf4 and increasing the levels of lsd1 and brd4[J]. Nat Cell Biol, 2016, 18(4):371-381.

[49] BUENROSTRO J D, GIRESI P G, ZABA L C, et al. Transposition of native chromatin for fast and sensitive epigenomic profiling of open chromatin, dna-binding proteins and nucleosome position[J]. Nat Methods, 2013, 10(12): 1213.

[50] HEWISH D R, BURGOYNE L A. Chromatin sub-structure. the digestion of chromatin dna at regularly spaced sites by a nuclear deoxyribonuclease [J]. Biochem Biophys Res Commun, 1973, 52(2):504-510.

[51] SAIKI R K, SCHARF S, FALOONA F, et al. Enzymatic amplification of beta-globin genomic sequences and restriction site analysis for diagnosis of sickle cell anemia[J]. Science, 1985, 230(4732):1350-1354.

[52] MUELLER P R, WOLD B. In vivo footprinting of a muscle specific enhancer by ligation mediated pcr[J]. Science, 1989, 246(4931):780-786.

[53] RAO S, PROCKO E, SHANNON M F. Chromatin remodeling, measured by a novel real-time polymerase chain reaction assay, across the proximal promoter region of the il-2 gene[J]. J Immunol, 2001, 167(8):4494-4503.

[54] BOYLE A P, DAVIS S, SHULHA H P, et al. High-resolution mapping and characterization of open chromatin across the genome[J]. Cell, 2008, 132(2):

311-322.

[55] HESSELBERTH J R, CHEN X, ZHANG Z, et al. Global mapping of protein-dna interactions in vivo by digital genomic footprinting[J]. Nat Methods, 2009, 6(4):283-289.

[56] KOCH L. See and seq the regulome[J]. Nat Rev Genet, 2016, 17(12):718-718.

[57] MIECZKOWSKI J, COOK A, BOWMAN S K, et al. Mnase titration reveals differences between nucleosome occupancy and chromatin accessibility[J]. Nat Commun, 2016, 7(1):1-11.

[58] GIRESI P G, KIM J, MCDANIELL R M, et al. Faire (formaldehyde-assisted isolation of regulatory elements) isolates active regulatory elements from human chromatin[J]. Genome Res, 2007, 17(6):877-885.

[59] CUSANOVICH D A, DAZA R, ADEY A, et al. Multiplex single-cell profiling of chromatin accessibility by combinatorial cellular indexing[J]. Science, 2015, 348(6237):910-914.

[60] BUENROSTRO J D, WU B, LITZENBURGER U M, et al. Single-cell chromatin accessibility reveals principles of regulatory variation[J]. Nature, 2015, 523(7561):486-490.

[61] WANG Y, JIANG R, WONG W H. Modeling the causal regulatory network by integrating chromatin accessibility and transcriptome data[J]. Natl Sci Rev, 2016, 3(2):240-251.

[62] HORN P J, PETERSON C L. Chromatin higher order folding–wrapping up transcription[J]. Science, 2002, 297(5588):1824-1827.

[63] GALAS D J, SCHMITZ A. Dnaase footprinting a simple method for the detection of protein-dna binding specificity[J]. Nucleic Acids Res, 1978, 5 (9):3157-3170.

[64] BRENOWITZ M, SENEAR D F, KINGSTON R E. Dnase i footprint analysis of protein-dna binding[J]. Curr Protoc Mol Biol, 1989, 7(1):12-4.

[65] BAEK S, GOLDSTEIN I, HAGER G L. Bivariate genomic footprinting detects changes in transcription factor activity[J]. Cell Rep, 2017, 19(8): 1710-1722.

[66] PIQUE-REGI R, DEGNER J F, PAI A A, et al. Accurate inference of transcription factor binding from dna sequence and chromatin accessibility data[J]. Genome Res, 2011, 21(3):447-455.

[67] SUNG M H, GUERTIN M J, BAEK S, et al. Dnase footprint signatures are dictated by factor dynamics and dna sequence[J]. Mol Cell, 2014, 56(2): 275-285.

[68] GUSMAO E G, DIETERICH C, ZENKE M, et al. Detection of active transcription factor binding sites with the combination of dnase hypersensitivity and histone modifications[J]. Bioinformatics, 2014, 30(22):3143-3151.

[69] LEE D, KARCHIN R, BEER M A. Discriminative prediction of mammalian enhancers from dna sequence[J]. Genome Res, 2011, 21(12):2167-2180.

[70] GHANDI M, LEE D, MOHAMMAD-NOORI M, et al. Enhanced regulatory sequence prediction using gapped k-mer features[J]. PLoS Comput Biol, 2014, 10(7):e1003711.

[71] ZHOU J, TROYANSKAYA O G. Predicting effects of noncoding variants with deep learning–based sequence model[J]. Nat Methods, 2015, 12(10):931-934.

[72] QUANG D, XIE X. Danq: a hybrid convolutional and recurrent deep neural network for quantifying the function of dna sequences[J]. Nucleic Acids Res, 2016, 44(11):e107-e107.

[73] KELLEY D R, SNOEK J, RINN J L. Basset: learning the regulatory code of the accessible genome with deep convolutional neural networks[J]. Genome Res, 2016, 26(7):990-999.

[74] MIN X, ZENG W, CHEN N, et al. Chromatin accessibility prediction via convolutional long short-term memory networks with k-mer embedding[J]. Bioinformatics, 2017, 33(14):i92-i101.

[75] PENNINGTON J, SOCHER R, MANNING C D. Glove: Global vectors for word representation[C]//Proc Conf Empir Methods Nat Lang Process, 2014:1532-1543.

[76] KELLEY D R, RESHEF Y A, BILESCHI M, et al. Sequential regulatory activity prediction across chromosomes with convolutional neural networks [J]. Genome Res, 2018, 28(5):739-750.

[77] ZHOU W, SHERWOOD B, JI Z, et al. Genome-wide prediction of dnase i hypersensitivity using gene expression[J]. Nat Commun, 2017, 8(1):1-17.

[78] ZHOU W, JI Z, FANG W, et al. Global prediction of chromatin accessibility using small-cell-number and single-cell rna-seq[J]. Nucleic Acids Res, 2019, 47(19):e121-e121.

[79] JUNG S, ANGARICA V E, ANDRADE-NAVARRO M A, et al. Prediction of chromatin accessibility in gene-regulatory regions from transcriptomics data[J]. Sci Rep, 2017, 7(1):1-10.

[80] NAIR S, KIM D S, PERRICONE J, et al. Integrating regulatory dna sequence and gene expression to predict genome-wide chromatin accessibility

across cellular contexts[J]. Bioinformatics, 2019, 35(14):i108-i116.

[81] LIEBERMAN Y, ROKACH L, SHAY T. Castle–classification of single cells by transfer learning: harnessing the power of publicly available single cell rna sequencing experiments to annotate new experiments[J]. PloS one, 2018, 13(10):e0205499.

[82] PLINER H A, SHENDURE J, TRAPNELL C. Supervised classification enables rapid annotation of cell atlases[J]. Nat Methods, 2019, 16(10):983-986.

[83] SCHEP A N, WU B, BUENROSTRO J D, et al. chromvar: inferring transcription-factor-associated accessibility from single-cell epigenomic data [J]. Nat Methods, 2017, 14(10):975-978.

[84] PLINER H A, PACKER J S, MCFALINE-FIGUEROA J L, et al. Cicero predicts cis-regulatory dna interactions from single-cell chromatin accessibility data[J]. Mol Cell, 2018, 71(5):858-871.

[85] GONZÁLEZ-BLAS C B, MINNOYE L, PAPASOKRATI D, et al. cistopic: cis-regulatory topic modeling on single-cell atac-seq data[J]. Nat Methods, 2019, 16(5):397-400.

[86] ZAMANIGHOMI M, LIN Z, DALEY T, et al. Unsupervised clustering and epigenetic classification of single cells[J]. Nat Commun, 2018, 9(1):1-8.

[87] BAKER S M, ROGERSON C, HAYES A, et al. Classifying cells with scasat, a single-cell atac-seq analysis tool[J]. Nucleic Acids Res, 2019, 47(2):e10-e10.

[88] XIONG L, XU K, TIAN K, et al. Scale method for single-cell atac-seq analysis via latent feature extraction[J]. Nat Commun, 2019, 10(1):1-10.

[89] CUSANOVICH D A, HILL A J, AGHAMIRZAIE D, et al. A single-cell atlas of in vivo mammalian chromatin accessibility[J]. Cell, 2018, 174(5): 1309-1324.

[90] FANG R, PREISSL S, HOU X, et al. Fast and accurate clustering of single cell epigenomes reveals cis-regulatory elements in rare cell types[J]. BioRxiv, 2019:615179.

[91] DE BOER C G, REGEV A. Brockman: deciphering variance in epigenomic regulators by k-mer factorization[J]. BMC Bioinformatics, 2018, 19(1):1-13.

[92] GOODFELLOW I, BENGIO Y, COURVILLE A, et al. Deep learning: volume 1[M]. MIT press Cambridge, 2016.

[93] LIU Q, GAN M, JIANG R. A sequence-based method to predict the impact of regulatory variants using random forest[J]. BMC Syst Biol, 2017, 11(2):1-9.

[94] LIU Q, XIA F, YIN Q, et al. Chromatin accessibility prediction via a hybrid deep convolutional neural network[J]. Bioinformatics, 2018, 34(5):732-738.

[95] MANOLIO T A. Genomewide association studies and assessment of the risk of disease[J]. N Engl J Med, 2010, 363(2):166-176.

[96] STRANGER B E, STAHL E A, RAJ T. Progress and promise of genome-wide association studies for human complex trait genetics[J]. Genetics, 2011, 187(2):367-383.

[97] HINDORFF L A, SETHUPATHY P, JUNKINS H A, et al. Potential etiologic and functional implications of genome-wide association loci for human diseases and traits[J]. Proc Natl Acad Sci USA, 2009, 106(23):9362-9367.

[98] FRAZER K A, MURRAY S S, SCHORK N J, et al. Human genetic variation and its contribution to complex traits[J]. Nat Rev Genet, 2009, 10(4): 241-251.

[99] KANG H M, SUL J H, SERVICE S K, et al. Variance component model to account for sample structure in genome-wide association studies[J]. Nat Genet, 2010, 42(4):348-354.

[100] MCCARTHY M I, ABECASIS G R, CARDON L R, et al. Genome-wide association studies for complex traits: consensus, uncertainty and challenges [J]. Nat Rev Genet, 2008, 9(5):356-369.

[101] HIRSCHHORN J N, DALY M J. Genome-wide association studies for common diseases and complex traits[J]. Nat Rev Genet, 2005, 6(2):95-108.

[102] KIRCHER M, WITTEN D M, JAIN P, et al. A general framework for estimating the relative pathogenicity of human genetic variants[J]. Nat Genet, 2014, 46(3):310-315.

[103] RITCHIE G R, DUNHAM I, ZEGGINI E, et al. Functional annotation of noncoding sequence variants[J]. Nat Methods, 2014, 11(3):294-296.

[104] WARD L D, KELLIS M. Haploreg: a resource for exploring chromatin states, conservation, and regulatory motif alterations within sets of genetically linked variants[J]. Nucleic Acids Res, 2012, 40(D1):D930-D934.

[105] BARENBOIM M, MANKE T. Chromos: an integrated web tool for snp classification, prioritization and functional interpretation[J]. Bioinformatics, 2013, 29(17):2197-2198.

[106] WARD L D, KELLIS M. Haploreg v4: systematic mining of putative causal variants, cell types, regulators and target genes for human complex traits and disease[J]. Nucleic Acids Res, 2016, 44(D1):D877-D881.

[107] ALIPANAHI B, DELONG A, WEIRAUCH M T, et al. Predicting the

sequence specificities of dna-and rna-binding proteins by deep learning[J]. Nat Biotechnol, 2015, 33(8):831-838.

[108] KELLIS M, WOLD B, SNYDER M P, et al. Defining functional dna elements in the human genome[J]. Proc Natl Acad Sci USA, 2014, 111(17):6131-6138.

[109] PENNACCHIO L A, AHITUV N, MOSES A M, et al. In vivo enhancer analysis of human conserved non-coding sequences[J]. Nature, 2006, 444 (7118):499-502.

[110] VISEL A, PRABHAKAR S, AKIYAMA J A, et al. Ultraconservation identifies a small subset of extremely constrained developmental enhancers[J]. Nat Genet, 2008, 40(2):158-160.

[111] WOOLFE A, GOODSON M, GOODE D K, et al. Highly conserved non-coding sequences are associated with vertebrate development[J]. PLoS Biol, 2004, 3(1):e7.

[112] FISHER S, GRICE E A, VINTON R M, et al. Conservation of ret regulatory function from human to zebrafish without sequence similarity[J]. Science, 2006, 312(5771):276-279.

[113] MCGAUGHEY D M, VINTON R M, HUYNH J, et al. Metrics of sequence constraint overlook regulatory sequences in an exhaustive analysis at phox2b [J]. Genome Res, 2008, 18(2):252-260.

[114] ROBERTSON G, HIRST M, BAINBRIDGE M, et al. Genome-wide profiles of stat1 dna association using chromatin immunoprecipitation and massively parallel sequencing[J]. Nat Methods, 2007, 4(8):651-657.

[115] KIM T K, HEMBERG M, GRAY J M, et al. Widespread transcription at neuronal activity-regulated enhancers[J]. Nature, 2010, 465(7295):182-187.

[116] VISEL A, BLOW M J, LI Z, et al. Chip-seq accurately predicts tissue-specific activity of enhancers[J]. Nature, 2009, 457(7231):854-858.

[117] BREIMAN L. Random forests[J]. Mach Learn, 2001, 45(1):5-32.

[118] COMPEAU P E, PEVZNER P A, TESLER G. How to apply de bruijn graphs to genome assembly[J]. Nat Biotechnol, 2011, 29(11):987-991.

[119] MARÇAIS G, KINGSFORD C. A fast, lock-free approach for efficient parallel counting of occurrences of k-mers[J]. Bioinformatics, 2011, 27(6):764-770.

[120] DÍAZ-URIARTE R, DE ANDRES S A. Gene selection and classification of microarray data using random forest[J]. BMC bioinformatics, 2006, 7(1): 1-13.

[121] LIN W Z, FANG J A, XIAO X, et al. idna-prot: identification of dna binding proteins using random forest with grey model[J]. PloS one, 2011, 6

(9):e24756.

[122] WU J, LIU H, DUAN X, et al. Prediction of dna-binding residues in proteins from amino acid sequences using a random forest model with a hybrid feature [J]. Bioinformatics, 2009, 25(1):30-35.

[123] JIANG R, YANG H, ZHOU L, et al. Sequence-based prioritization of non-synonymous single-nucleotide polymorphisms for the study of disease mutations[J]. Am J Hum Genet, 2007, 81(2):346-360.

[124] JIANG R, YANG H, SUN F, et al. Searching for interpretable rules for disease mutations: a simulated annealing bump hunting strategy[J]. BMC bioinformatics, 2006, 7(1):1-18.

[125] KENT W J, SUGNET C W, FUREY T S, et al. The human genome browser at ucsc[J]. Genome Res, 2002, 12(6):996-1006.

[126] CHANG C C, LIN C J. Libsvm: a library for support vector machines[J]. ACM Trans Intell Syst Technol, 2011, 2(3):1-27.

[127] DAGUM L, MENON R. Openmp: an industry standard api for shared-memory programming[J]. Comput Sci Eng, 1998, 5(1):46-55.

[128] STENSON P D, MORT M, BALL E V, et al. The human gene mutation database: 2008 update[J]. Genome Med, 2009, 1(1):1-6.

[129] CONSORTIUM G P, et al. An integrated map of genetic variation from 1092 human genomes[J]. Nature, 2012, 491(7422):56.

[130] COWPER-SAL R, ZHANG X, WRIGHT J B, et al. Breast cancer risk–associated snps modulate the affinity of chromatin for foxa1 and alter gene expression[J]. Nat Genet, 2012, 44(11):1191-1198.

[131] HE H H, MEYER C A, SHIN H, et al. Nucleosome dynamics define transcriptional enhancers[J]. Nat Genet, 2010, 42(4):343.

[132] EECKHOUTE J, CARROLL J S, GEISTLINGER T R, et al. A cell-type-specific transcriptional network required for estrogen regulation of cyclin d1 and cell cycle progression in breast cancer[J]. Genes Dev, 2006, 20(18): 2513-2526.

[133] ZENG H, HASHIMOTO T, KANG D D, et al. Gerv: a statistical method for generative evaluation of regulatory variants for transcription factor binding [J]. Bioinformatics, 2016, 32(4):490-496.

[134] PAUL D S, SORANZO N, BECK S. Functional interpretation of non-coding sequence variation: concepts and challenges[J]. Bioessays, 2014, 36(2): 191-199.

[135] ALEXANDER R P, FANG G, ROZOWSKY J, et al. Annotating non-coding

regions of the genome[J]. Nat Rev Genet, 2010, 11(8):559-571.

[136] WARD L D, KELLIS M. Interpreting noncoding genetic variation in complex traits and human disease[J]. Nat Biotechnol, 2012, 30(11):1095-1106.

[137] WHITAKER J W, CHEN Z, WANG W. Predicting the human epigenome from dna motifs[J]. Nat Methods, 2015, 12(3):265.

[138] SUN Y, WANG X, TANG X. Deep learning face representation from predicting 10000 classes[C]//Proc IEEE Comput Soc Conf Comput Vis Pattern Recognit. 2014:1891-1898.

[139] COLLOBERT R, WESTON J, BOTTOU L, et al. Natural language processing (almost) from scratch[J]. J Mach Learn Res, 2011, 12:2493-2537.

[140] SRIVASTAVA N, HINTON G, KRIZHEVSKY A, et al. Dropout: a simple way to prevent neural networks from overfitting[J]. J Mach Learn Res, 2014, 15(1):1929-1958.

[141] KINGMA D P, BA J. Adam: A method for stochastic optimization[J]. arXiv preprint arXiv:1412.6980, 2014.

[142] BASTIEN F, LAMBLIN P, PASCANU R, et al. Theano: new features and speed improvements[J]. arXiv preprint arXiv:1211.5590, 2012.

[143] PEDREGOSA F, VAROQUAUX G, GRAMFORT A, et al. Scikit-learn: Machine learning in python[J]. J Mach Learn Res, 2011, 12:2825-2830.

[144] GALTON F. Regression towards mediocrity in hereditary stature.[J]. J Roy Anthropol Inst Great Brit Ireland, 1886, 15:246-263.

[145] HOERL A E, KENNARD R W. Ridge regression: Biased estimation for nonorthogonal problems[J]. Technometrics, 1970, 12(1):55-67.

[146] TIBSHIRANI R. Regression shrinkage and selection via the lasso[J]. J R Stat Soc Series B Stat Methodol, 1996, 58(1):267-288.

[147] GUPTA S, STAMATOYANNOPOULOS J A, BAILEY T L, et al. Quantifying similarity between motifs[J]. Genome Biol, 2007, 8(2):1-9.

[148] MATHELIER A, FORNES O, ARENILLAS D J, et al. Jaspar 2016: a major expansion and update of the open-access database of transcription factor binding profiles[J]. Nucleic Acids Res, 2016, 44(D1):D110-D115.

[149] SHLYUEVA D, STAMPFEL G, STARK A. Transcriptional enhancers: from properties to genome-wide predictions[J]. Nat Rev Genet, 2014, 15(4): 272-286.

[150] BARON V, ADAMSON E D, CALOGERO A, et al. The transcription factor egr1 is a direct regulator of multiple tumor suppressors including tgf β 1, pten, p53, and fibronectin[J]. Cancer Gene Ther, 2006, 13(2):115-124.

[151] LIU Y, WANG Y, SUN X, et al. mir-449a promotes liver cancer cell apoptosis by downregulation of calpain 6 and pou2f1[J]. Oncotarget, 2016, 7(12):13491.

[152] HEINZ S, BENNER C, SPANN N, et al. Simple combinations of lineage-determining transcription factors prime cis-regulatory elements required for macrophage and b cell identities[J]. Mol Cell, 2010, 38(4):576-589.

[153] CRAWFORD G E, HOLT I E, WHITTLE J, et al. Genome-wide mapping of dnase hypersensitive sites using massively parallel signature sequencing (mpss)[J]. Genome Res, 2006, 16(1):123-131.

[154] KUNDAJE A, MEULEMAN W, ERNST J, et al. Integrative analysis of 111 reference human epigenomes[J]. Nature, 2015, 518(7539):317-330.

[155] CORCES M R, GRANJA J M, SHAMS S, et al. The chromatin accessibility landscape of primary human cancers[J]. Science, 2018, 362(6413).

[156] TREVINO A E, SINNOTT-ARMSTRONG N, ANDERSEN J, et al. Chromatin accessibility dynamics in a model of human forebrain development[J]. Science, 2020, 367(6476).

[157] SONG S, CUI H, CHEN S, et al. Epifit: functional interpretation of transcription factors based on combination of sequence and epigenetic information[J]. Quant Biol, 2019, 7(3):233-243.

[158] XU C, LIU Q, ZHOU J, et al. Quantifying functional impact of non-coding variants with multi-task bayesian neural network[J]. Bioinformatics, 2020, 36(5):1397-1404.

[159] YIN Q, WU M, LIU Q, et al. Deephistone: a deep learning approach to predicting histone modifications[J]. BMC genomics, 2019, 20(2):11-23.

[160] KULAKOVSKIY I V, VORONTSOV I E, YEVSHIN I S, et al. Hocomoco: expansion and enhancement of the collection of transcription factor binding sites models[J]. Nucleic Acids Res, 2016, 44(D1):D116-D125.

[161] HUANG G, LIU Z, VAN DER MAATEN L, et al. Densely connected convolutional networks[C]//Proc IEEE Comput Soc Conf Comput Vis Pattern Recognit. 2017:4700-4708.

[162] IOFFE S, SZEGEDY C. Batch normalization: Accelerating deep network training by reducing internal covariate shift[C]//Proc Inter Conf Mach Learn. PMLR, 2015:448-456.

[163] LAW J C, RITKE M K, YALOWICH J C, et al. Mutational inactivation of the p53 gene in the human erythroid leukemic k562 cell line[J]. Leuk Res, 1993, 17(12):1045-1050.

[164] CHENG T, WANG Y, DAI W. Transcription factor egr-1 is involved in

phorbol 12-myristate 13-acetate-induced megakaryocytic differentiation of k562 cells[J]. J Biol Chem, 1994, 269(49):30848-30853.

[165] GABRA M M, SALMENA L. micrornas and acute myeloid leukemia chemoresistance: a mechanistic overview[J]. Front Oncol, 2017, 7:255.

[166] YANG M Y, LIU T C, CHANG J G, et al. Junb gene expression is inactivated by methylation in chronic myeloid leukemia[J]. Blood, 2003, 101(8): 3205-3211.

[167] KHAN A, FORNES O, STIGLIANI A, et al. Jaspar 2018: update of the open-access database of transcription factor binding profiles and its web framework[J]. Nucleic Acids Res, 2018, 46(D1):D260-D266.

[168] YENGO L, SIDORENKO J, KEMPER K E, et al. Meta-analysis of genome-wide association studies for height and body mass index in 700000 individuals of european ancestry[J]. Hum Mol Genet, 2018, 27(20):3641-3649.

[169] BECKER N S, VERDU P, GEORGES M, et al. The role of ghr and igf1 genes in the genetic determination of african pygmies' short stature[J]. Eur J Hum Genet, 2013, 21(6):653-658.

[170] CHEN T, DENT S Y. Chromatin modifiers and remodellers: regulators of cellular differentiation[J]. Nat Rev Genet, 2014, 15(2):93-106.

[171] KHAN A, ZHANG X. dbsuper: A database of super-enhancers in mouse and human genome[J]. Nucleic Acids Res, 2016, 44(D1):D164-D171.

[172] ZENG W, CHEN S, CUI X, et al. Silencerdb: a comprehensive database of silencers[J]. Nucleic Acids Res, 2021, 49(D1):D221-D228.

[173] LIU Q, LV H, JIANG R. hicgan infers super resolution hi-c data with generative adversarial networks[J]. Bioinformatics, 2019, 35(14):i99-i107.

[174] SINGH S, YANG Y, POCZOS B, et al. Predicting enhancer-promoter interaction from genomic sequence with deep neural networks[J]. Quant Biol, 2019, 7(2):122-137.

[175] ROZENBLATT-ROSEN O, STUBBINGTON M J, REGEV A, et al. The human cell atlas: from vision to reality[J]. Nature News, 2017, 550(7677): 451.

[176] ZILIONIS R, NAINYS J, VERES A, et al. Single-cell barcoding and sequencing using droplet microfluidics[J]. Nat Protoc, 2017, 12(1):44.

[177] CHOWDHURY G G. Introduction to modern information retrieval[M]. Facet publishing, 2010.

[178] SATIJA R, FARRELL J A, GENNERT D, et al. Spatial reconstruction of single-cell gene expression data[J]. Nat Biotechnol, 2015, 33(5):495-502.

[179] CHEN H, LAREAU C, ANDREANI T, et al. Assessment of computational methods for the analysis of single-cell atac-seq data[J]. Genome Biol, 2019, 20(1):1-25.

[180] BLONDEL V D, GUILLAUME J L, LAMBIOTTE R, et al. Fast unfolding of communities in large networks[J]. J Stat Mech, Theory Exp, 2008, 2008 (10):P10008.

[181] DUREN Z, CHEN X, ZAMANIGHOMI M, et al. Integrative analysis of single-cell genomics data by coupled nonnegative matrix factorizations[J]. Proc Natl Acad Sci USA, 2018, 115(30):7723-7728.

[182] ZENG W, CHEN X, DUREN Z, et al. Dc3 is a method for deconvolution and coupled clustering from bulk and single-cell genomics data[J]. Nat Commun, 2019, 10(1):1-11.

[183] CAO J, SPIELMANN M, QIU X, et al. The single-cell transcriptional landscape of mammalian organogenesis[J]. Nature, 2019, 566(7745):496-502.

[184] STUART T, SATIJA R. Integrative single-cell analysis[J]. Nat Rev Genet, 2019, 20(5):257-272.

[185] GOODFELLOW I J, POUGET-ABADIE J, MIRZA M, et al. Generative adversarial networks[J]. arXiv preprint arXiv:1406.2661, 2014.

[186] KINGMA D P, WELLING M. Auto-encoding variational bayes[J]. arXiv preprint arXiv:1312.6114, 2013.

[187] ZHU J Y, PARK T, ISOLA P, et al. Unpaired image-to-image translation using cycle-consistent adversarial networks[C]//Proc IEEE Int Conf Comput Vis. 2017:2223-2232.

[188] LIU Q, XU J, JIANG R, et al. Density estimation using deep generative neural networks[J]. Proc Natl Acad Sci USA, 2021, 118(15).

[189] SCOTT D W. On optimal and data-based histograms[J]. Biometrika, 1979, 66(3):605-610.

[190] LUGOSI G, NOBEL A, et al. Consistency of data-driven histogram methods for density estimation and classification[J]. Ann Stat, 1996, 24(2):687-706.

[191] ROSENBLATT M. Remarks on some nonparametric estimates of a density function[J]. Ann Math Stat, 1956:832-837.

[192] PARZEN E. On estimation of a probability density function and mode[J]. Ann Math Stat, 1962, 33(3):1065-1076.

[193] URIA B, CÔTÉ M A, GREGOR K, et al. Neural autoregressive distribution estimation[J]. J Mach Learn Res, 2016, 17(1):7184-7220.

[194] GERMAIN M, GREGOR K, MURRAY I, et al. Made: Masked autoencoder

for distribution estimation[C]//Proc Inter Conf Mach Learn. 2015:881-889.

[195] PAPAMAKARIOS G, PAVLAKOU T, MURRAY I. Masked autoregressive flow for density estimation[C]//Proc Adv Neural Inf Process Syst, 2017: 2338-2347.

[196] REZENDE D J, MOHAMED S. Variational inference with normalizing flows [J]. arXiv preprint arXiv:1505.05770, 2015.

[197] BALLÉ J, LAPARRA V, SIMONCELLI E P. Density modeling of images using a generalized normalization transformation[J]. arXiv preprint arXiv:1511.06281, 2015.

[198] DINH L, SOHL-DICKSTEIN J, BENGIO S. Density estimation using real nvp[J]. arXiv preprint arXiv:1605.08803, 2016.

[199] KINGMA D P, SALIMANS T, JOZEFOWICZ R, et al. Improved variational inference with inverse autoregressive flow[C]//Proc Adv Neural Inf Process Syst, 2016:4743-4751.

[200] ABADI M, BARHAM P, CHEN J, et al. Tensorflow: A system for large-scale machine learning[C]//Proc USENIX Symp Oper Syst Des Implement, 2016:265-283.

[201] ARJOVSKY M, CHINTALA S, BOTTOU L. Wasserstein generative adversarial networks[C]//Proc Inter Conf Mach Learn. PMLR, 2017:214-223.

[202] MUKHERJEE S, ASNANI H, LIN E, et al. Clustergan: Latent space clustering in generative adversarial networks[C]//Proc Conf AAAI Artif Intell, 2019, 33:4610-4617.

[203] STREHL A, GHOSH J. Cluster ensembles—a knowledge reuse framework for combining multiple partitions[J]. J Mach Learn Res, 2002, 3:583-617.

[204] HUBERT L, ARABIE P. Comparing partitions[J]. J Classif, 1985, 2(1): 193-218.

[205] ROSENBERG A, HIRSCHBERG J. V-measure: A conditional entropy-based external cluster evaluation measure[C]//Proc Conf Empir Methods Nat Lang Process and Comput Nat Lang Learn. 2007:410-420.

[206] RAND W M. Objective criteria for the evaluation of clustering methods[J]. J Am Stat Assoc, 1971, 66(336):846-850.

[207] ARGELAGUET R, ARNOL D, BREDIKHIN D, et al. Mofa+: a statistical framework for comprehensive integration of multi-modal single-cell data[J]. Genome Biol, 2020, 21:1-17.

[208] JIN S, ZHANG L, NIE Q. scai: an unsupervised approach for the integrative analysis of parallel single-cell transcriptomic and epigenomic profiles[J].

Genome Biol, 2020, 21(1):1-19.

[209] VAN DER MAATEN L, HINTON G. Visualizing data using t-sne.[J]. J Mach Learn Res, 2008, 9(11).

[210] MCINNES L, HEALY J, MELVILLE J. Umap: Uniform manifold approximation and projection for dimension reduction[J]. arXiv preprint arXiv:1802.03426, 2018.

[211] TELLER V. Speech and language processing: an introduction to natural language processing, computational linguistics, and speech recognition[J]. Comput Linguist, 2000, 26(4):638-641.

[212] HALKO N, MARTINSSON P G, TROPP J A. Finding structure with randomness: Probabilistic algorithms for constructing approximate matrix decompositions[J]. SIAM Rev Soc Ind Appl Math, 2011, 53(2):217-288.

[213] PREISSL S, FANG R, HUANG H, et al. Single-nucleus analysis of accessible chromatin in developing mouse forebrain reveals cell-type-specific transcriptional regulation[J]. Nat Neurosci, 2018, 21(3):432-439.

[214] CHEN X, MIRAGAIA R J, NATARAJAN K N, et al. A rapid and robust method for single cell chromatin accessibility profiling[J]. Nat Commun, 2018, 9(1):1-9.

[215] BUENROSTRO J D, CORCES M R, LAREAU C A, et al. Integrated single-cell analysis maps the continuous regulatory landscape of human hematopoietic differentiation[J]. Cell, 2018, 173(6):1535-1548.

[216] ANDERSON K C, BATES M P, SLAUGHENHOUPT B L, et al. Expression of human b cell-associated antigens on leukemias and lymphomas: a model of human b cell differentiation[J]. Blood, 1984, 63(6):1424-1433.

[217] VILLANI A C, SATIJA R, REYNOLDS G, et al. Single-cell rna-seq reveals new types of human blood dendritic cells, monocytes, and progenitors[J]. Science, 2017, 356(6335).

[218] MANN H B, WHITNEY D R. On a test of whether one of two random variables is stochastically larger than the other[J]. Ann Math Stat, 1947: 50-60.

[219] SHALTOUKI A, PENG J, LIU Q, et al. Efficient generation of astrocytes from human pluripotent stem cells in defined conditions[J]. Stem cells, 2013, 31(5):941-952.

[220] BAYAM E, SAHIN G S, GUZELSOY G, et al. Genome-wide target analysis of neurod2 provides new insights into regulation of cortical projection neuron migration and differentiation[J]. BMC genomics, 2015, 16(1):1-14.

[221] OWA T, TAYA S, MIYASHITA S, et al. Meis1 coordinates cerebellar granule cell development by regulating pax6 transcription, bmp signaling and atoh1 degradation[J]. J Neurosci, 2018, 38(5):1277-1294.

[222] HALLONET M, HOLLEMANN T, PIELER T, et al. Vax1, a novel homeobox-containing gene, directs development of the basal forebrain and visual system[J]. Genes Dev, 1999, 13(23):3106-3114.

[223] CESARI F, BRECHT S, VINTERSTEN K, et al. Mice deficient for the ets transcription factor elk-1 show normal immune responses and mildly impaired neuronal gene activation[J]. Mol Cell Biol, 2004, 24(1):294-305.

[224] STOLT C C, LOMMES P, SOCK E, et al. The sox9 transcription factor determines glial fate choice in the developing spinal cord[J]. Genes Dev, 2003, 17(13):1677-1689.

[225] STREET K, RISSO D, FLETCHER R B, et al. Slingshot: cell lineage and pseudotime inference for single-cell transcriptomics[J]. BMC Genomics, 2018, 19(1):1-16.

[226] GILMOUR J, ASSI S A, JAEGLE U, et al. A crucial role for the ubiquitously expressed transcription factor sp1 at early stages of hematopoietic specification[J]. Development, 2014, 141(12):2391-2401.

[227] STUART T, BUTLER A, HOFFMAN P, et al. Comprehensive integration of single-cell data[J]. Cell, 2019, 177(7):1888-1902.

[228] KORSUNSKY I, MILLARD N, FAN J, et al. Fast, sensitive and accurate integration of single-cell data with harmony[J]. Nat Methods, 2019, 16(12): 1289-1296.